Baljit Singh
Vikrant Sharma

Conceção de dispositivos de administração de medicamentos à base de hidrogel

Baljit Singh
Vikrant Sharma

Conceção de dispositivos de administração de medicamentos à base de hidrogel

Avaliação dos parâmetros da rede e implicações mecanicistas

ScienciaScripts

Imprint

Cover image: www.ingimage.com

This book is a translation from the original published under ISBN 978-620-7-45715-1.

Publisher:
Sciencia Scripts
is a trademark of
Dodo Books Indian Ocean Ltd. and OmniScriptum S.R.L publishing group

120 High Road, East Finchley, London, N2 9ED, United Kingdom
Str. Armeneasca 28/1, office 1, Chisinau MD-2012, Republic of Moldova, Europe
Printed at: see last page
ISBN: 978-620-7-85981-8

Conceção de dispositivos de administração de medicamentos à base de hidrogel: Avaliação dos parâmetros da rede e implicações mecanicistas

Vikrant Sharma e Baljit Singh

Dr. Vikrant Sharma
Professor assistente,
Departamento de Química,
Universidade de Himachal Pradesh,
Shimla-171005, Índia.

Prof. Baljit Singh
Professor do Departamento de Química,
Universidade de Himachal Pradesh,
Shimla-171005, Índia.

Resumo

Recentemente, o principal objetivo da investigação em todo o mundo é desenvolver sistemas avançados de administração de medicamentos para aumentar o seu potencial terapêutico e segurança clínica e reduzir os inconvenientes associados às formulações convencionais de medicamentos. Os hidrogéis são materiais extremamente fiáveis que têm sido explorados para a conceção de sistemas de administração de medicamentos (DD) devido à sua biocompatibilidade e propriedades físico-químicas. As propriedades inerentes aos hidrogéis poliméricos que os tornam adequados para aplicações de DD são controladas pelas suas estruturas de rede reticulada. Foram propostas várias teorias e equações/modelos matemáticos complexos para explicar a estrutura de rede dos hidrogéis. O seu vasto conhecimento está quase para além das competências dos químicos de polímeros envolvidos na conceção dos dispositivos de DD. Neste caso, foram efectuadas simplificações destas equações para a sua utilização na avaliação dos parâmetros de rede necessários à conceção de hidrogéis para dispositivos DD. Analisou-se também a importância do inchaço do hidrogel e a sua correlação com os vários parâmetros sintéticos e físico-químicos e a sua influência nos parâmetros da rede estrutural dos sistemas DD à base de hidrogel.

Índice

Introdução 4

Determinação do peso molecular entre duas ligações cruzadas ($\overline{M}_c$) a partir de estudos de inchamento de hidrogéis 17

Determinação dos parâmetros de rede a partir de $\overline{M}_c$ e correlação com dispositivos de administração de medicamentos em hidrogel 40

Factores que influenciam os parâmetros de rede dos hidrogéis 58

Perspectivas actuais e futuras dos parâmetros estruturais da rede de sistemas de administração de fármacos em hidrogel 98

Capítulo 1

Introdução

Os hidrogéis, estrutura de rede polimérica tridimensional reticulada, possuem uma capacidade única de absorver quantidades significativas de água devido às suas propriedades hidrofílicas intrínsecas. Quando completamente inchados, estes materiais demonstram um equilíbrio excecional de estabilidade físico-química e mecânica, variando de níveis moderados a elevados. Possuem a capacidade notável de se expandirem rapidamente ao absorverem volumes significativos de água ou, pelo contrário, de se contraírem em resposta a alterações nas condições circundantes. Os hidrogéis são biomateriais extremamente fiáveis, apreciados pelos seus atributos biomédicos e físico-químicos vantajosos, bem como pela sua compatibilidade favorável com tecidos vivos e ambientes biológicos.

Os avanços na conceção de hidrogéis transformaram as aplicações destes materiais para responder às necessidades biomédicas. Os hidrogéis imitam de perto os tecidos vivos naturais, ultrapassando outros materiais poliméricos sintéticos, devido à sua consistência hidrofílica macia, que reflecte as características dos tecidos naturais. Além disso, o seu teor substancial de água contribuiu significativamente para os requisitos de biocompatibilidade. Os hidrogéis exprimem uma afinidade termodinâmica pela água, o que lhes permite expandir-se em ambientes aquosos, tornando-os assim versáteis para uma multiplicidade de aplicações, especialmente nos domínios médico e farmacêutico. Possuem capacidades excepcionais de absorção de água, uma elasticidade notável e servem como plataformas altamente eficientes para a administração de células e fármacos. Os hidrogéis como transportadores na administração de medicamentos (DD) têm desempenhado um papel fundamental na minimização dos aspectos negativos da DD convencional. Os polímeros derivados de recursos naturais e de origem sintética têm sido amplamente explorados no fabrico de hidrogéis. No entanto, o carácter hidrofílico do gel dificulta o encapsulamento de agentes curativos hidrofóbicos, tornando-se ineficaz com a libertação descontrolada do composto carregado. Nestes casos, foi necessário modificar a estrutura da rede [1]. Os sistemas DD de libertação controlada baseados em hidrogel são promissores como transportadores ou dispositivos para enfrentar os desafios relacionados com a libertação abrupta de fármacos. Oferecem um melhor controlo espácio-temporal sobre os agentes curativos administrados localmente, com o objetivo de promover uma DD predefinida e específica para cada local [2].

As vantagens dos géis poliméricos que os tornam favoráveis para múltiplas utilizações médicas decorrem principalmente da sua estrutura reticulada, que é modulada pela natureza e conteúdo do monómero, do reticulador e de outras espécies de reação utilizadas durante a síntese de hidrogéis. Para uma melhor compreensão das estruturas reticuladas tridimensionais (3D) dos géis poliméricos, as propriedades de inchamento são uma das metodologias frequentemente utilizadas pelos químicos de polímeros. O conhecimento da absorção de solventes ou das características de intumescimento dos géis poliméricos reticulados revelou-se um passo importante para a determinação da arquitetura intrínseca dos hidrogéis em rede e da sua capacidade como transportadores de DD [3,4]. Foram propostas várias teorias para explicar a configuração da rede do gel e o seu mecanismo de inchamento. Algumas teorias têm em conta a estrutura real da rede com defeitos, enquanto outras consideram a estrutura ideal da rede para simplificar a análise. Em cada caso, o hidrogel é exposto a um solvente penetrante adequado até se atingir o estado de equilíbrio do inchaço. No estado de equilíbrio, existe um equilíbrio entre a força de dilatação termodinâmica e a retração proporcionada pela estrutura reticulada dos géis poliméricos de dilatação [5].

1.1 Propriedades de inchamento dos hidrogéis

A capacidade de inchaço é uma caraterística intrínseca dos hidrogéis, que expandem as suas dimensões e tamanho devido à penetração de solventes nos espaços vazios presentes nas redes poliméricas porosas [6]. A capacidade máxima de dilatação dos hidrogéis resulta da delicada interação entre as forças de dilatação e as forças elásticas de resistência. Ajustando o equilíbrio destas forças opostas, podem ser concebidos hidrogéis com propriedades de inchamento variáveis. Quando um hidrogel é inicialmente imerso numa solução aquosa, as moléculas de água penetram na sua estrutura de rede. Nesta situação, um limite dinâmico delineia a fase vítrea não solvatada da região borrachosa do hidrogel. As moléculas de solvente que entram vão ocupar algum espaço, fazendo com que certos segmentos da rede se expandam. Esta expansão permite que moléculas de água adicionais penetrem na rede de gel. Claramente, o inchaço é um processo finito; as propriedades elásticas da rede covalente ou fisicamente reticulada servem como uma força contrária, impedindo que a rede seja excessivamente esticada e evitando assim a sua destruição. Assim, ao equilibrar estas duas forças opostas, é produzida uma força líquida, conhecida como pressão de inchamento, que é igual a zero no inchamento de equilíbrio [7,8]. Alguns hidrogéis adaptam as suas características de inchamento de acordo com as alterações das condições e factores circundantes. As transições de fase de volume em resposta a diferentes estímulos tornam estes materiais objectos interessantes de observações científicas e materiais úteis para fins de DD. Estas alterações podem ser provocadas por factores externos, como mudanças de pH, temperatura, força iónica e estimulação eléctrica aplicada ao meio circundante.

1.2 Importância do inchaço dos hidrogéis para a conceção de dispositivos de administração de medicamentos

Os hidrogéis são uma classe emergente de sistemas DD de libertação controlada baseados em polímeros. Estes sistemas de DD apresentam uma libertação de fármacos controlada pelo inchaço, juntamente com a capacidade de resposta a estímulos das suas redes de gel e características de libertação de fármacos [9]. Devido ao desvio evidente do pH fisiológico de diferentes locais do corpo em condições patológicas diferentes, os hidrogéis de rede sensíveis ao pH foram amplamente estudados [10]. Os hidrogéis exibem uma gama de propriedades físico-químicas e biológicas, o que aumenta a sua atração como sistemas de DD. Estes dispositivos de administração são compatíveis com sistemas biológicos e podem fornecer características de DD controladas, predefinidas e accionadas em vários locais fisiológicos [11]. Como são criadas ligações químicas irreversíveis durante a reticulação covalente, são gerados hidrogéis com uma estrutura de rede contínua. Este tipo de ligação permite-lhes absorver água e moléculas bioactivas sem se dissolverem ou desintegrarem, e difundir os medicamentos e agroquímicos encapsulados [12]. A versatilidade dos hidrogéis para várias utilizações biomédicas é atribuída principalmente à sua estrutura reticulada, que é definida pela funcionalidade e quantidade de espinha dorsal, monómeros e reticulante utilizados durante a síntese do hidrogel [13,14]. O controlo da taxa de difusão de fármacos a partir de hidrogéis pode ser conseguido através da personalização da funcionalidade da rede de gel reticulado e desempenhou um papel vital na conceção de aplicações mediadas por hidrogéis [15,16]. A forma mais frequente de compreender a estrutura reticulada das redes de gel é examinar o perfil de inchamento dos hidrogéis [17]. Uma vez adquirido este conhecimento, a modificação da estrutura reticulada do gel através da alteração do tamanho da malha permite um controlo preciso da difusão de fármacos de uma forma predeterminada e específica para cada local [18]. A capacidade de carregamento de fármacos dos hidrogéis pode ser obtida com êxito através da modificação da espinha dorsal polimérica com reticulantes multifuncionais seleccionados, devido à sua ampla aplicabilidade no encapsulamento e difusão de uma variedade de modelos de fármacos. Em virtude da correlação entre a arquitetura de rede do polímero e a funcionalidade de carregamento de fármacos, a eficiência de encapsulamento de fármacos dos hidrogéis aumenta significativamente [19]. A sorção e o transporte de moléculas são ambos afectados pela ocorrência de microvazios pré-existentes na matriz porosa e pela estrutura geométrica do polímero [20,21].

1.3 Propriedades de inchamento dos hidrogéis e correlação com os parâmetros da rede

No estado inchado dos géis poliméricos, há um alargamento do espaço entre duas ligações cruzadas que aumenta o tamanho dos poros/malhas e facilita o movimento do soluto através do gel. Esta transferência de soluto torna estes géis materiais adequados para utilização como dispositivos de DD [22]. O aperfeiçoamento da arquitetura estrutural do hidrogel para uma aplicação específica implica a seleção cuidadosa de materiais de base adequados e a aplicação de metodologias de processamento precisas. A difusão do fármaco e a taxa de descarga do fármaco encapsulado a partir de géis poliméricos podem ser moduladas através da adaptação das características da rede reticulada de géis poliméricos [23,24]. Uma vez conhecida esta informação, a estrutura do gel pode ser manipulada alterando o tamanho da malha para permitir a difusão do fármaco de uma forma específica [25]. A taxa e a cinética de libertação do fármaco dependem de vários parâmetros de rede das plataformas poliméricas [23]. Estas características de rede dos géis poliméricos reticulados dependem de vários factores [26], tais como a concentração do reticulante [27,28], a temperatura [29], o pH [30] e o teor de sais iónicos dos solventes penetrantes, bem como a extensão das interacções entre os segmentos da cadeia polimérica e as moléculas de solvente adjacentes do meio de expansão [31]. Foi observada uma correlação entre vários parâmetros estruturais das redes de hidrogel e as características de libertação do fármaco, o que indicou o fabrico de um sistema de DD sintonizável através da adaptação da rede de gel e da estrutura de ligações cruzadas do hidrogel com as características e propriedades desejadas [32]. Além disso, tanto a extensão como a natureza das ligações cruzadas (covalentes, iónicas, emaranhamento físico, etc.) exerceram os seus efeitos na viscosidade, rigidez, porosidade, densidade das ligações cruzadas e taxa de difusão do fármaco dos hidrogéis [33].

Os principais parâmetros utilizados para ilustrar a estrutura da rede de géis são a fração de volume de polímero ($\phi_{2,s}$) do polímero inchado, o peso molecular da cadeia de polímero ($\overline{M}_c$) entre ligações cruzadas adjacentes, a densidade de ligações cruzadas (ρ), e o tamanho correspondente do poro/malha (ξ) do gel polimérico. Tendo em conta o carácter aleatório do processo de polimerização, apenas o valor médio $\overline{M}_c$ pode ser calculado [34], enquanto que $\overline{M}_c$ mede a extensão das ligações cruzadas nas redes de cadeias poliméricas, independentemente da natureza da ligação cruzada (isto é, física/química). A fração de intumescimento de equilíbrio do polímero (Q_v) descreve a extensão da água absorvida pelo gel polimérico em equilíbrio e está correlacionada com a estrutura da rede do gel, o rácio de ligações cruzadas, a hidrofilicidade e a ionização dos grupos funcionais. Por conseguinte, a investigação do rácio de inchamento de equilíbrio pode elucidar a estrutura da rede [3]. Os valores de $\overline{M}_c$ podem ser determinados por vários métodos [35,36], mas a metodologia que envolve o inchamento em equilíbrio de géis poliméricos é a mais popular [37,38]. Os valores elevados de $\overline{M}_c$ indicam a natureza mais elástica e as características de inchamento rápido dos polímeros num meio de inchamento compatível. A expressão para $\overline{M}_c$ pode ser derivada através do estudo das características termodinâmicas do inchamento do hidrogel.

O significado gráfico do inchaço para determinar a arquitetura da rede 3D dos hidrogéis e a relação matemática entre os diferentes parâmetros da rede do hidrogel são demonstrados nos esquemas 1 e 2, respetivamente. É claro a partir destes esquemas que o valor $\overline{M}_c$ do hidrogel foi necessário para determinar o tamanho da malha (ξ) e a densidade de ligações cruzadas (ρ) da matriz de polímero. O valor $\overline{M}_c$ pode ser avaliado através do cálculo da fração volumétrica do polímero ($\phi_{2,s}$) dos hidrogéis a diferentes temperaturas e das interacções polímero-solvente (χ_1). ξ e ρ fornecem informações sobre a estrutura da rede que ajudam a adaptar o dispositivo DD para uma libertação controlada e personalizada do fármaco encapsulado. Assim, para um químico de polímeros, foi necessário simplificar as equações matemáticas relacionadas com o inchamento termodinâmico dos géis para determinar os valores $\overline{M}_c$ do hidrogel inchado.

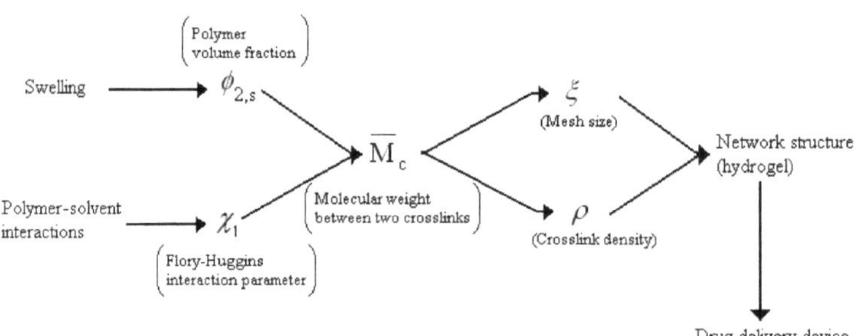

Esquema 1: Importância da dilatação para determinar a estrutura da rede de hidrogéis.

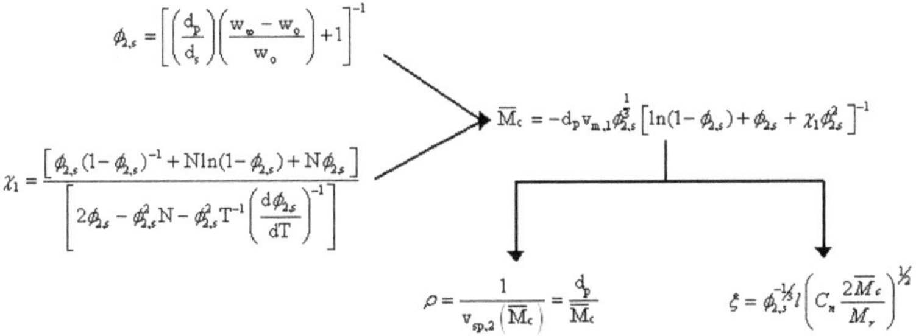

Esquema 2: Relação matemática entre diferentes parâmetros de rede do hidrogel.

1.4 Conclusões

A utilização biomédica dos hidrogéis deve-se à sua estrutura reticulada em 3D, que lhes permite encapsular os agentes terapêuticos de forma eficaz e libertá-los de forma controlada durante períodos mais longos. A difusão do fármaco a partir dos transportadores de hidrogel pode ser controlada através da adaptação da estrutura da rede reticulada. Para uma melhor compreensão da arquitetura 3D dos géis poliméricos, o conhecimento da interação solvente-polímero e das características de dilatação dos géis poliméricos reticulados provou ser a força motriz ou o primeiro passo para a determinação da estrutura inerente da rede de gel e da sua capacidade como transportadores de DD. Para que o cálculo dos parâmetros da rede seja do interesse dos químicos de polímeros, que concebem os dispositivos de DD, é possível reunir as várias equações matemáticas complexas e simplificá-las de tal forma que um químico de polímeros, a partir de uma observação experimental, pode determinar todos os outros parâmetros da rede necessários para sistemas de DD controlados. Este capítulo aborda o significado dos estudos de inchamento para os químicos de polímeros e a correlação de equações matemáticas para a avaliação da expressão de vários parâmetros estruturais das redes.

1.5 Referências

[1] Pinelli F, Ponti M, Delleani S, Pizzetti F, Vanoli V, Vangosa FB, Castiglione F, Haugen H, Nogueira LP, Rossetti A, Rossi F, Sacchetti A. Hidrogéis à base de agarose funcionalizados com β-ciclodextrina para a administração controlada múltipla de ibuprofeno. *Int J Biol Macromol* **2023**;252:126284.

[2] Mikhail AS, Morhard R, Mauda-Havakuk M, Kassin M, Arrichiello A, Wood BJ. Sistemas de entrega de medicamentos em hidrogel para imunoterapia local minimamente invasiva do cancro. *Adv Drug Deliv Rev* **2023**;202:115083.

[3] Kim B, Peppas NA. Síntese e caraterização de glicopolímeros sensíveis ao pH para sistemas de administração oral de medicamentos. *J Biomater Sci Polym Edn* **2002**;13:1271-81.

[4] Micic M, Suljovrujic E. Parâmetros de rede e biocompatibilidade de hidrogéis de resposta dupla de p(2-hidroxietilmetacrilato/ácido itacónico/oligo(etilenoglicol) acrilato). *Eur Polym J* **2013**; 49(10):3223-33.

[5] Peppas NA, Huang Y, Torres-Lugo M, Ward JH, Zhang J. Fundamentos físico-químicos e conceção estrutural de hidrogéis em medicina e biologia. *Annu Rev Biomed Eng* **2000**;2:9-29.

6] Feng W, Wang Z. Tailoring the Swelling-Shrinkable Behavior of Hydrogels for Biomedical Applications [Adaptar o comportamento de inchaço e contração dos hidrogéis para aplicações biomédicas]. *Adv Sci* **2023**;10:2303326.

[7] Ganji F, Vasheghani-Farahani E. Hydrogels in controlled drug delivery systems. *Iranian Polym J* **2009;**18(1):63-88.

[8] Ganji F, Vasheghani-Farahani S, Vasheghani-Farahani E. Theoretical description of hydrogel swelling: A review. *Iranian Polymer Journal,* **2010,** 19(5), 375-398.

[9] Mahajan P., Bera MB. Aplicação do conceito de volume livre e manipulação dos parâmetros da estrutura da rede para um carregamento ótimo de ácido gálico na matriz de hidrogel de amido de milho kutki (Panicum sumatrense) modificado. *Food Hydrocoll* **2023**;135:108218,

[10] Gupta P, Vermani K, Garg S. Hydrogels: from controlled release to pH-responsive drug delivery. *Drug Discov Today* **2002**;7(10):569-79.

[11] Knuth K, Amiji M, Robinson JR. Sistemas de administração de hidrogel para aplicações vaginais e orais: Formulação e considerações biológicas. *Adv Drug Deliv Rev* **1993**;11(1-2):137-67.

[12] Mushtaq F, Raza ZA, Batool SR, Zahid M, Onder OC, Rafique A, Nazeer MA. Preparação, propriedades e aplicações de hidrogéis à base de gelatina (GHs) nos sectores ambiental, tecnológico e biomédico. *Int J Biol Macromol* **2022**;218: 601-33,

[13] Singh B, Sharma V, Kumar R, Mohan M. Desenvolvimento de hidrogel à base de fibra dietética de psílio para utilização em aplicações de administração de medicamentos. *Food Hydrocoll Health* **2022**;2:100059.

[14] Singh B, Sharma V. Influência dos parâmetros da rede de polímeros de hidrogéis responsivos a pH baseados em goma de tragacanto na entrega de medicamentos. *Carbohydr Polym* **2014**;101: 928- 40.

[15] Sarmah D, Rather MA, Sarkar A, Mandal M, Sankaranarayanan K, Karak N. Hidrogel de amido/quitosano autocruzado como veículo biocompatível para libertação controlada de fármacos. *Int J Biol Macromol* **2023;**237:124206.

[16] Ghorai S, Jana B, Ganguly J. Eficácia de ligação adaptável e suportada pela rede para hidrogéis flexíveis e multifuncionalizados de quitosano/carbaldeído fenólico. *Int J Biol Macromol* **2023**;253(4):127004.

[17] Rahmani P, Shojaei A. Desenvolvimento de hidrogel de terpolímero resistente com excelente capacidade de inchaço por reticulação de associação hidrofóbica. *Polymer* **2022**;254:125037.

[18] Concheiro A, Alvarez-Lorenzo C. Chemically cross-linked and grafted cyclodextrin hydrogels: De nanoestruturas a dispositivos médicos com eluição de fármacos. *Adv Drug Deliv Rev* 2013;65(9):1188-1203,

[19] Tronci G, Ajiro H, Russell SJ, Wood DJ, Akashi M. Tunable drug-loading capability of chitosan hydrogels with varied network architectures. *Ata Biomater* **2014**;10(2):821-30.

[20] Klopffer MH, Flaconnèche B. Propriedades de Transporte de Gases em Polímeros: Revisão Bibliográfica. *Oil Gas Sci Technol Rev IFP* **2001**;56:223-44.

[21] Sharma V, Singh B, Sharma P. Development of almond gum based copolymeric hydrogels for use in effectual colon-drug delivery. *J Drug Deliv Sci Technol* **2023**;84:104470.

[22] Vakkalanka SK, Peppas NA. Swelling behavior of temperature- and pH-sensitive block terpolymers for drug delivery (Comportamento de inchamento de terpolímeros em bloco sensíveis à temperatura e ao pH para administração de medicamentos). *Polym Bull* **1996**;36:221-5.

[23] Sannino A, Demitri C, Madaghiele M. Biodegradable cellulose-based hydrogels: design and applications. *Materiais* **2009**;2:353-73.

[24] Ende MT, Hariharan D, Peppas NA; Factores que influenciam o transporte e a libertação de fármacos e proteínas a partir de hidrogéis iónicos. *React Polym* **1995**;25:127-37.

[25] Gander B, Gurny R, Doelker E, Peppas NA. Effect of polymeric network structure on drug release from cross-linked poly(vinyl alcohol) micromatrices. *Pharm Res* **1989**;6:578-84.

[26] Lee JH, Bucknall DG. Comportamento de inchamento e estrutura de rede de hidrogéis sintetizados usando polimerização radical livre controlada iniciada por uv. *J Polym Sci: Part B Polym Phys* **2008**;46:1450-62.

[27] Atta AM, Abdel-Azim AAA. Efeito da funcionalidade do reticulador no inchaço e nos parâmetros de rede dos hidrogéis copoliméricos. *Polym Adv Technol* **1998**;9:340-8.

[28] Mahmudi N, Rendevski S. Síntese por radiação de hidrogéis AAM/DMAEMA/MBA para absorção do herbicida 2, 4-D. *BALWOIS 2010-Ohrid: República da Macedónia-25*, **2010**.

[29] Xue W, Huglin MB, Liao B. Propriedades de rede e termodinâmicas de hidrogéis de poli[1-(3-sulfopropil)-2-vinil-piridínio-betaína]. *Eur Polym J* **2007**;43:4355-70.

[30] Yarimkaya S, Basan H. Synthesis and swelling behavior of acrylate-based hydrogels. *J Macromol Sci: Part A* **2007**;44:699-706.

[31] Grassi M, Grassi G. Mathematical modelling and controlled drug delivery: matrix systems. *Curr Drug Deliv* **2005**;2:97-116.

[32] Singh B, Sharma, V. Estudo de correlação de parâmetros estruturais de polímeros bioadesivos na conceção de um sistema de administração de medicamentos sintonizável. *Langmuir* **2014**;30:8580-91.

[33] Mukherjee K, Roy S, Giri TK. Efeito da goma de tara intragranular/extragranular na administração gastrointestinal sustentada de fármacos a partir de matrizes de hidrogel semi-IPN. *Int J Biol Macromol* **2023**;253(5):127176.

[34] Raj Singh TR, McCarron PA, Woolfson AD, Donnelly RF. Investigação do inchaço e dos parâmetros de rede de hidrogéis de poli(etilenoglicol) com ligações cruzadas de poli(metil vinil éter-co-ácido *maleico*). *Eur Polym J* **2009**;45:1239-49.

[35] Rao KSVK, Ha CS. Hidrogéis sensíveis ao pH baseados em amidas acrílicas e as suas características de dilatação e difusão com comportamento de administração de fármacos. *Polym Bull* **2009**;62:167-81.

[36] Katime I, Diaz de Apodaca E; Hidrogéis de ácido acrílico/metacrilato de metilo. I. Efeito da composição nas propriedades mecânicas e termodinâmicas. *J Macromol Sci: Pure Appl Chem* **2000**;37:307-21.
[37] Lira LM, Martins KA, Cordoba de Torresi SI. Parâmetros estruturais de hidrogéis de poliacrilamida obtidos pela teoria do inchamento de equilíbrio. *Eur Polym J* **2009**;45:1232-8.
[38] Singhal R, Tomar RS, Nagpal AK. Effect of cross-linker and initiator concentration on the swelling behaviour and network parameters of superabsorbent hydrogels based on acrylamide and acrylic acid. *Int J Plast Technol* **2009**;13:22-37.

Capítulo 2

Determinação do peso molecular entre duas ligações cruzadas ($\overline{M}_c$) a partir de estudos de inchamento de hidrogéis

As características de intumescimento ou a capacidade de absorção de fluidos/água dos géis poliméricos dependem fortemente da sua rede 3D reticulada [1] e da extensão das interacções dos segmentos das cadeias poliméricas e das moléculas de solventes [2]. Durante o processo de inchamento, há um aumento do teor de solvente juntamente com o tamanho da malha da formulação polimérica, o que facilita ainda mais a difusão do fármaco encapsulado para o ambiente externo. A fração volumétrica do polímero ($\phi_{2,s}$) no estado de intumescimento é uma medida do conteúdo de fluido/solvente que é absorvido e retido pela rede de hidrogéis. O peso molecular ($\overline{M}_c$) entre duas junções sucessivas representa o grau de reticulação do polímero. Estas junções sucessivas podem ser ligações cruzadas físicas/químicas, emaranhados físicos, regiões cristalinas ou mesmo complexos poliméricos. Os valores médios de $\overline{M}_c$ podem ser avaliados devido à complexação e aleatoriedade implicadas no processo de polimerização [3] e podem ser determinados teoricamente ou através de várias técnicas experimentais. No entanto, uma das técnicas mais populares para calcular $\overline{M}_c$ é o estudo da termodinâmica de inchamento do polímero num solvente [4], que é avaliado a partir da estimativa de ΔG, ou seja, a energia livre total da rede de gel.

2.1 Determinação dos componentes da energia livre total no interior do hidrogel (ΔG)

A natureza de inchamento dos géis pode ser avaliada a partir de modelos estatísticos termodinâmicos. Quando a rede polimérica é colocada em contacto com a água, expande-se (incha) devido à interação termodinâmica favorável dos segmentos macromoleculares com as moléculas de água (Figura 1).

As características do solvente desempenham um papel vital na absorção do solvente e no perfil de inchamento do substrato polimérico. Num bom solvente para a dilatação, estas interacções são repulsivas e, num solvente pobre, são atractivas. Por exemplo, os hidrogéis de poli(etilenoglicol), ou seja, poli(acrilamida) modificada com PEG, ou seja, PAAm, apresentam uma dilatação mais elevada em água destilada do que em dioxano [5]. Quando as cadeias de polímero não são esticadas, formam-se glóbulos compactos devido ao seu colapso na interação com um solvente pobre [6].

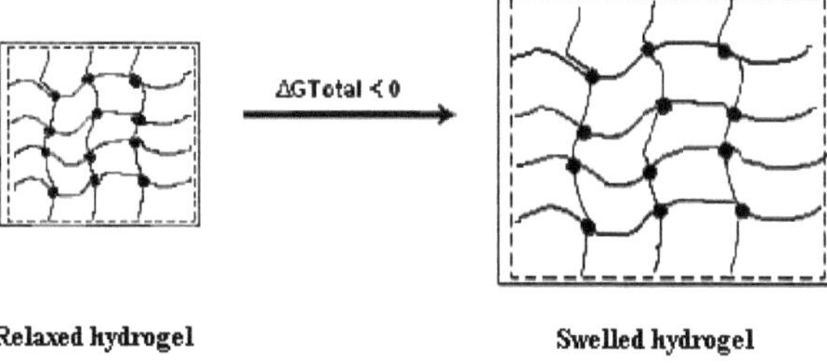

Figura 1: Inchaço espontâneo do hidrogel quando colocado num solvente adequado.

A abordagem habitualmente adoptada na maioria dos modelos baseia-se na hipótese de Flory-Rehner, que descreve as características de inchamento em equilíbrio de redes poliméricas reticuladas tridimensionais (3D). A principal suposição é que as forças elásticas opostas das cadeias de polímeros reticulados e a compatibilidade termodinâmica do polímero com as moléculas de solvente em interação se equilibram mutuamente durante o fenómeno de inchamento. Esta hipótese é válida quando os hidrogéis são neutros, o seu inchamento é isotrópico, existem ligações cruzadas tetra-funcionais a volume zero, quatro cadeias de polímeros estão acopladas num ponto e estas cadeias estão reticuladas no estado sólido [7,8]. A energia livre de Gibbs de mistura de um sistema não iónico (ΔG) é o resultado de contribuições independentes de mistura (ΔG_{mix}) e elásticas (ΔG_{el}) [9].

Aqui, a alteração total da energia livre do gel inchado (ΔG) envolvida durante a mistura do solvente com a rede polimérica não iónica amorfa e sem tensão (isto é, isotrópica) é a combinação da energia livre da mistura (ΔG_{mix}) e da energia livre da contribuição elástica (ΔG_{el}) [10-12].

A energia livre de Gibbs total do hidrogel inchado é dada pela equação (1).

$\Delta G = \Delta G_{mix} + \Delta G_{el}$ (1)

Para as redes de polímeros iónicos, a equação (1) inclui a contribuição iónica para a energia livre total (ΔG_{ion}) do hidrogel inchado e torna-se: $\Delta G = \Delta G + \Delta G + \Delta G_{mix\ el\ ion}$ [13]. Para evitar complicações na derivação de vários parâmetros de rede, apenas foi considerado o caso do polímero não-iónico.

Durante o estudo do inchaço dos polímeros, o ΔG_{mix} resulta da mistura espontânea do solvente com as cadeias de polímeros, o que facilita a expansão das redes e o ΔG_{el} é a força elástica desenvolvida no interior do gel que resiste ao inchaço e deriva da elasticidade da rede (Figura 1) [9]. O valor de ΔG_{mix} depende da concentração local do polímero e da interação mútua polímero-solvente e solvente e ΔG_{el} depende da extensão da reticulação [14].

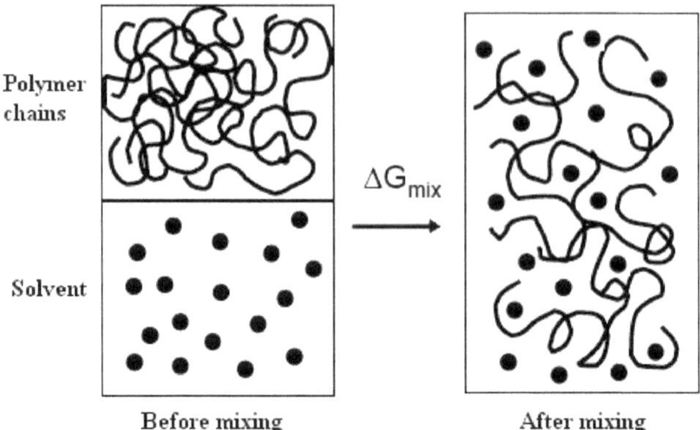

Figura 2: Misturas espontâneas de cadeias poliméricas e moléculas de solvente.

2.1.1 Derivação de ΔG_{mix}

A imagem termodinâmica da mistura simples polímero-solvente é apresentada na Figura 2. A energia livre da mistura polímero-solvente é dada pela equação (2).

$\Delta G_{mix} = G_{mix} - G_{unmixed}$ ou $\Delta G_{mix} = \Delta H_{mix} - T\Delta S_{mix}$ (2)

em que ΔH_{mix} é a variação de entalpia da mistura polímero-solvente e ΔS_{mix} é a variação correspondente de entropia na mistura.

2.1.1.1 Expressão para ΔH_{mix}

Quando um soluto polimérico é adicionado a um solvente, a alteração da entalpia na mistura deve-se ao facto de as interacções solvente-solvente (1,1) e soluto-soluto (2,2) serem substituídas por interacções solvente-soluto (1,2) (Figuras 3 e 4).

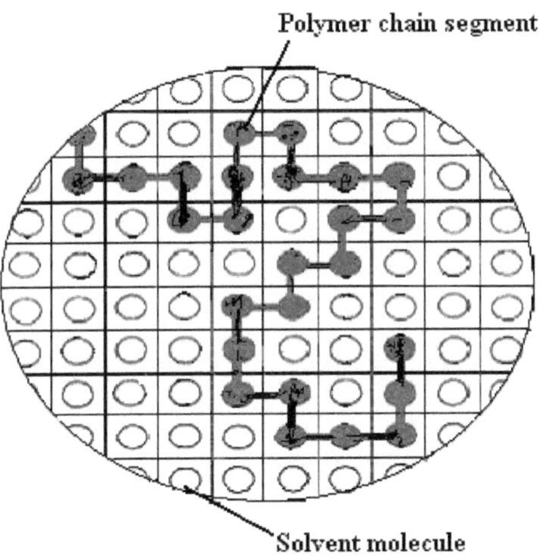

Figura 3: Segmentos de uma molécula de polímero em cadeia localizados na rede líquida.

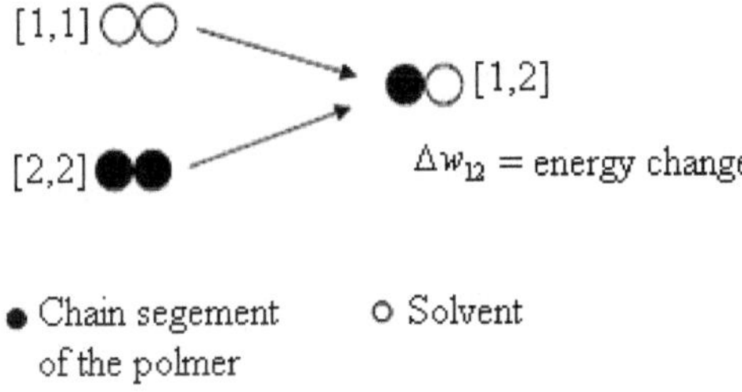

Figura 4: A variação de energia associada à formação de um contacto solvente-soluto.

Essas interacções na teoria da rede latente podem ser atribuídas pelos tipos e número de vizinhos mais próximos na rede. Uma interação do vizinho mais próximo pode ser definida como um contacto na rede, pelo que haverá três tipos de contactos, ou seja, (1,1), (2,2) e (1,2), respetivamente. O processo de dissolução pode então ser escrito em termos da alteração destes contactos (Figura 4), por exemplo, a formação de um contacto solvente-soluto é representada por $\frac{1}{2}[1,1]+\frac{1}{2}[2,2]\rightarrow[1,2]$.

A mudança de energia (Δw_{12}) associada à formação de um contacto solvente-soluto (1,2) é representada pela equação (3a):

$$\Delta w_{12} = w_{1,2} - \frac{1}{2}\left(w_{1,1} + w_{2,2}\right) \quad (3a)$$

Agora, se $P_{1,2}$ é o número médio de contactos (1,2) na configuração global da rede, então a entalpia de mistura do solvente e do soluto é $\Delta H_{mix} = \Delta w_{12} P_{12}$ por partícula de soluto.

Para determinar o valor médio de $P_{1,2}$ numa solução de determinada composição, assume-se que a probabilidade de um determinado local adjacente a um segmento de polímero ocupado por uma molécula de solvente é aproximadamente igual à fração de volume, $\phi_{1,s}$ de solvente na solução polimérica. Agora, o número total de todos os diferentes tipos de contactos de cada (x-2) segmentos internos do polímero é (z-2), enquanto cada um dos dois segmentos terminais terá (z-1) desses contactos. O número total de contactos 1,2 para cada molécula de polímero é então dado pela equação (3b).

$$P_{1,2} = [(x-2)(z-2) + 2(z-1)]\phi_{1,s} \quad (3b)$$

Onde z = vizinhos mais próximos, ou seja, o número total de contactos entre uma molécula de polímero e todos os seus vizinhos por unidade de cadeia e também chamado número de coordenação da rede e x = o segmento da molécula de polímero requer o mesmo espaço que uma molécula de solvente, ou seja, as fracções da cadeia de polímero e as moléculas de solvente relacionadas são permutáveis de acordo com o modelo da rede de solução [15]. Para grandes valores de 'z', $P_{1,2} \approx zx\phi_{1,s}$ e a entalpia de mistura de n_2 moléculas de polímero com n_1 moléculas de solvente podem ser expressas como (equação 4):

$$\Delta H_{mix} = zxn_2\phi_{1,s}\Delta w_{12} \quad (4)$$

Agora, a partir da definição de fração volumétrica $\phi_{1,s}$ e $\phi_{2,s}$, é fácil demonstrar que $xn_2\phi_{1,s} = n_1\phi_{2,s}$. Então, numa base molar, a etalpia de mistura (por mole) é dada pela equação (5).

$$\Delta H_{mix} = zn_1\phi_{2,s}\Delta w_{12}N_A \quad \text{ou} \quad \Delta H_{mix} = z\Delta W_{12}n_1\phi_{2,s} \quad (5)$$

em que N_A = número de Avogadro e $\Delta W_{12} = \Delta w_{12}N_A$.

É conveniente descrever a energia de interação por mole de solvente, ou seja, $z\Delta W_{12}$, em termos de um parâmetro de interação sem dimensão (χ_1) multiplicado por kT [16]. χ_1 é o parâmetro de interação entre o polímero e os solventes e depende da temperatura e da concentração da solução de polímero. É um fator de energia livre que serve como critério de miscibilidade para um par polímero-solvente [17]. Assim, definindo $z\Delta W_{12} = \chi_1$ kT, a entalpia de mistura torna-se (Equação 6):

$$\Delta H_{mix} = kT\chi_1 n_1\phi_{2,s} \quad (6)$$

em que o parâmetro de interação polímero-água $\chi_1 = \frac{z\Delta W_{12}}{kT}$ [28].

Nas redes de gel hidrofílico, o parâmetro de interação polímero-água (χ_1) representa o grau de compatibilidade termodinâmica e é descrito como a mudança de energia (em unidades de kT) que ocorre quando uma mole de moléculas de solvente puro (onde $\phi_{2,s}$ = 0) entra numa quantidade infinita de polímero puro (onde $\phi_{2,s}$ = 1). Devido à natureza aproximada da teoria da rede, χ_1 depende tanto da concentração como da temperatura da solução em consideração e diminui com o aumento das interacções polímero-solvente [18]. Isto significa que valores mais elevados de χ_1 indicam uma interação mais fraca entre o polímero e a água, e a interação entre os grupos hidrofóbicos é mais forte [19-21]. Os valores positivos (+ve) do parâmetro de Flory-Huggins (χ_1) representam a repulsão entre as unidades em interação e os seus valores negativos (-ve) estão relacionados com a atração mútua destas unidades. Os valores de χ_1

estão inversamente relacionados com a temperatura do sistema em observação [22]. χ_1 é geralmente positivo, o que significa que a dissolução de um soluto polimérico num solvente é maioritariamente um processo endotérmico.

2.1.1.2 Expressão para ΔS_{mix}

De acordo com as aproximações estatísticas de Boltzmann, a entropia do sistema é dada pela equação (7):

$S = k \ln\Omega$ (7)

em que k = constante de Boltzmann ($1,38\times10^{-23}$ J/K) e Ω = número de arranjos distinguíveis do sistema, ou seja, número de formas de preencher a rede. Neste caso, assume-se o modelo de solução em rede em que n_A moléculas de polímeros se distribuem na rede de solventes apresentada na Figura 5.

O número total de moléculas no sistema é $n = n_A + n_B$ e as configurações possíveis são apresentadas na equação (8).

$$\Omega = \frac{n!}{n_A! \times n_B!} \qquad (8)$$

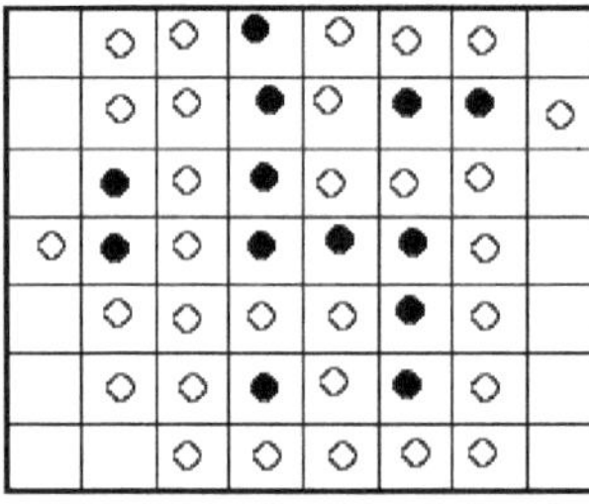

Figura 5: Modelo em rede da mistura de um soluto polimérico num solvente.

Agora, aplicando a aproximação de Stirling, ou seja, $\ln N! \cong N \ln N - N$, a equação (7) pode ser simplificada como;

$$S = k\ln\left(\frac{n!}{n_A! \times n_B!}\right) \text{ou}\, S = -k[n_A \ln X_A + n_B \ln X_B] \quad (9)$$

em que X_A e X_B são fracções molares de A e B, respetivamente.

Assim, a entropia de mistura, ou seja, ΔS_{mix}, pode ser expressa como;

$$\Delta S_{mix} = S_{mix} - S_{unmixed}$$

$$\Delta S_{mix} = k\ln\left(\frac{\Omega_{mixed}}{\Omega_{unmixed}}\right)$$

Para uma solução polimérica, é necessário utilizar a fração de volume (ϕ) em vez da fração molar (X). Assim, obteve-se a seguinte expressão para ΔS_{mix} [23] (equação 10).

$$\Delta S_{mix} = -k[n_1 \ln\phi_{1,s} + n_2 \ln\phi_{2,s}] \qquad (10)$$

em que n_1 e n_2 são o número de moléculas do solvente e do polímero, respetivamente, e $\phi_{1,s}$ e $\phi_{2,s}$ são as respectivas fracções de volume, que podem ser definidas como;

$$\phi_{1,s} = \frac{n_1}{n_1 + xn_2} \text{ e } \phi_{2,s} = \frac{xn_2}{n_1 + xn_2},$$

onde $x = / \mathrm{v}_{m,2}\ \mathrm{v}_{m,1}$ e $\mathrm{v}_{m,1}$ e $\mathrm{v}_{m,2}$ são os volumes molares do polímero e do solvente, respetivamente. Para o gel, $n_2 \approx 0$, porque não existem cadeias de polímero livres [15] e a equação (10) reduz-se a;

$$\Delta S_{mix}^{Gel} \approx -kn_1 \ln\phi_{1,s}$$

Assim, a energia livre total de mistura (ΔG_{mix}) do soluto polimérico com o solvente é apresentada na equação 11. Utilizando a equação (2), temos

$$\Delta G_{mix} = \Delta H_{mix} - T\Delta S_{mix}$$
$$\Delta G_{mix} = kT\chi_1 n_1\phi_{2,s} - T\{-k(n_1 \ln\phi_{1,s} + n_2 \ln\phi_{2,s})\}$$

$$\Delta G_{mix} = kT(n_1\chi_1\phi_{2,s} + n_1 \ln\phi_{1,s} + n_2 \ln\phi_{2,s}) \qquad (11)$$

Geralmente, $\Delta G_{mix} < 0$, ou seja, negativo para a dissolução do soluto polimérico no solvente. Quando um polímero é misturado com solvente, $\phi_{1,s}$ e $\phi_{2,s}$ são sempre inferiores a 1, $\ln\phi_{1,s}$ e $\ln\phi_{2,s}$ têm valor negativo e este valor equilibra-se com $n_1\chi_1\phi_{2,s}$. Se $n_1\chi_1\phi_{2,s} > n_1 \ln\phi_{1,s} + n_2 \ln\phi_{2,s}$, o polímero não se dissolve nesse solvente. Com o aumento da temperatura, χ_1 diminui, ou seja, $n_1\chi_1\phi_{2,s} < n_1 \ln\phi_{1,s} + n_2 \ln\phi_{2,s}$, e a dissolução torna-se termodinamicamente mais favorável.

2.1.2 Derivação de ΔG el

A contribuição elástica para a energia livre do hidrogel que resiste ao inchaço é dada pela equação (12).

$$\Delta G_{el} = \Delta H_{el} - T\Delta S_{el} \qquad (12)$$

Por analogia com a deformação da borracha, o processo de deformação devido ao inchaço deve ocorrer sem uma alteração apreciável na energia interna da estrutura da rede do gel, ou seja, $\Delta H_{el} = 0$, sem contribuição da entalpia [15]. Assim, a contribuição elástica para a energia livre do hidrogel tem a seguinte expressão mostrada na equação (13).

$$\Delta G_{el} = -T\Delta S_{el} \qquad (13)$$

2.1.2.1 Expressão para a força de retração entrópica (ΔSel) que restringe o inchaço

Considere-se uma rede polimérica isenta de tensões e deformações e com ligações N em reticulação de comprimento fixo "*l*" com orientação aleatória, em que '$\vec{r}$ '= distância de extremidade a extremidade (Figura 6a), também designada por "função de distribuição gaussiana para a distância de extremidade a extremidade". Quando esta rede polimérica relaxada é posta em contacto com a água, incha e transforma-se num sistema de tensão e deformação (Figura 6b). medida que o polímero incha por absorção de água, as cadeias entre as junções da rede alongam-se e desenvolve-se uma força de retração elástica em oposição à progressão do inchaço.

Durante o inchamento, o polímero expande-se em todas as direcções. Seja 'α' um fator de expansão para que as dimensões do gel inchado se tornem αx, αy e αz, que são x, y e z no seu estado relaxado antes do inchamento (Figura 7). Este estado de tensão e deformação do polímero inchado é responsável pela resistência elástica ao inchamento.

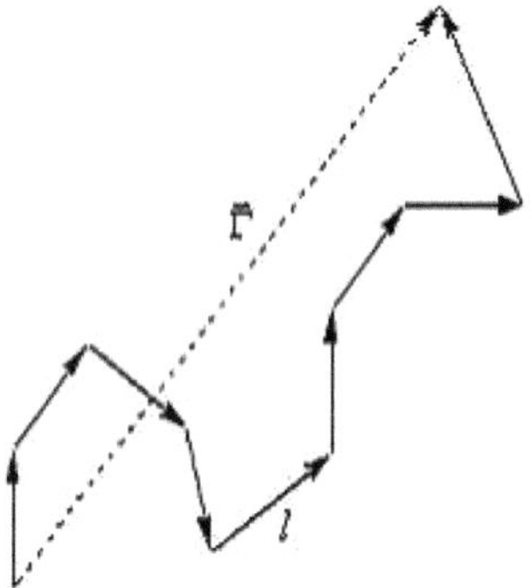

Figura 6a: Função de distribuição gaussiana ($\vec{r}$) para a distância de extremo a extremo.

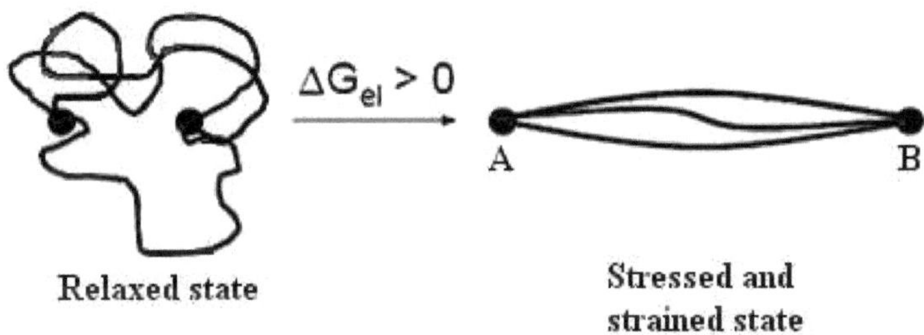

Figura 6b: Estado de tensão e deformação das cadeias poliméricas aquando do inchamento.

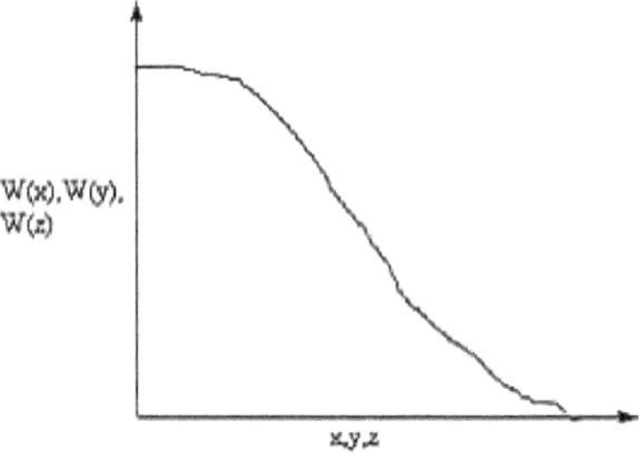

Figura 7: Probabilidade da componente x, y, z para $\vec{\Gamma}$.

Se W(x), W(y), W(z) forem as probabilidades das componentes x, y, z (Figura 8) para $\vec{\Gamma}$, então podemos definir a probabilidade numa direção como $W(x) = e^{-\beta^2 x^2}$, em que $\beta = \sqrt{3/2}\frac{1}{N^{1/2}l}$.

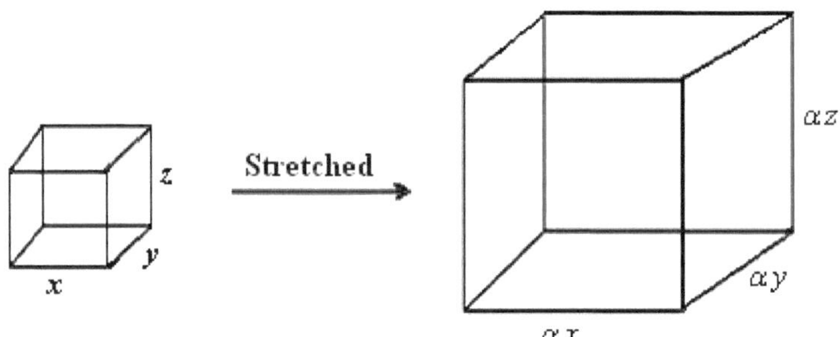

Figura 8: Rácio de alongamento 'α' (ou seja, fator de expansão) do polímero em qualquer direção.

Agora, W(x), W(y), W(z) estão diretamente relacionados com Ω, ou seja, com o número de configurações possíveis no sistema. A cadeia individual deve sofrer a mesma deformação e temos a seguinte condição para o inchaço:

(Probabilidade de uma cadeia ter = (Probabilidade de uma cadeia com

$\vec{r}$ (αx,αy,αz) depois do inchaço) $\vec{r}$ (x,y,z) antes do inchaço)

Agora $\Omega = \Omega_1\Omega_2$, é avaliado como um produto de todas as probabilidades possíveis para cada $\vec{r}$. De acordo com Flory [15], obtém-se a seguinte expressão para a contribuição do solvente e do soluto para a probabilidade total.

$$\Omega_1 = \nu!\prod\left(\frac{w_i^{\nu_i}}{\nu_i!}\right) \text{ e } \Omega_2 = (\nu-1)(\nu-3)..........(1)\left(\frac{\partial V}{V}\right)^{\nu/2} \text{ ou } \Omega_2 = (\nu/2)!\left(2\frac{\partial V}{V}\right)^{\nu/2}$$

Aqui w_i = probabilidade de ter os componentes x_i , y_i e z_i com nos intervalos Δx, Δy e Δz.

ν_i = distribuição correcta da cadeia.

ν = número de cadeias.

Tomando agora o logaritmo e com base na simplificação de Flory [15], temos

$$\ln\Omega_1 = -\nu\left[\frac{(\alpha_x^2+\alpha_y^2+\alpha_z^2-3)}{2} - \ln\alpha_x\alpha_y\alpha_z\right] \qquad (14a)$$

$$\ln\Omega_2 = -\nu/2\ln(\alpha_x\alpha_y\alpha_z) + \text{constant} \qquad (14b)$$

em que constante $= \ln(\nu/2)! + -\nu/2\ln\delta\text{V} - (\nu/2)\ln {}^{\text{V}_\circ}\!/_{2}$.

Agora, de acordo com a expressão de Boltzmann para a entropia de formação da rede deformada pode ser dada pela seguinte expressão:

$S = k \ln\Omega = k \ln\Omega_1 + k \ln \Omega_2$

Utilizando as equações (14a) e (14b) e simplificando, obtemos a equação (15) [24]:

$$S = \text{constant} - \left(\frac{k\nu_e}{2}\right)\left[\alpha_x^2+\alpha_y^2+\alpha_z^2-3-\ln(\alpha_x\alpha_y\alpha_z)\right] \qquad (15)$$

onde substituímos ν por ν_e , ou seja, o número efetivo de cadeias.

O aumento da entropia é proporcionado pelo volume adicional do polímero através do qual o solvente se pode espalhar. A variação de entropia

(ΔS_{el}) envolvida [24] na deformação é obtida subtraindo da equação (13) o valor de "S" para $\alpha_x = \alpha_y = \alpha_z = 1$, temos:

$$\Delta S_{el} = -\left(\frac{k\nu_e}{2}\right)\left[\alpha_x^2 + \alpha_y^2 + \alpha_z^2 - 3 - \ln(\alpha_x\alpha_y\alpha_z)\right] \qquad (16)$$

No caso de inchamento isotrópico do gel, temos $\alpha_x = \alpha_y = \alpha_z = \alpha$(digamos), então a equação (16) torna-se:

$$\Delta S_{el} = \frac{-3}{2}k\nu_e\left[\alpha^2 - 1 - \ln\alpha\right] \qquad (17)$$

Agora, colocando o valor de ΔS_{el} da equação (17) na equação (13), temos;

$$\Delta G_{el} = \frac{3}{2}kT\nu_e\left[\alpha^2 - 1 - \ln\alpha\right] \qquad (18)$$

Por conseguinte, utilizando as equações (1), (11) e (18), a energia livre de Gibbs total no interior do hidrogel inchado pode ser dada pela equação (19):

$$\Delta G = kT(n_1\chi_1\phi_{2,s} + n_1\ln\phi_{1,s} + n_2\ln\phi_{2,s}) + \frac{3}{2}kT\nu_e\left[\alpha^2 - 1 - \ln\alpha\right] \qquad (19)$$

2.2 Combinação de componentes do ΔG para determinar o valor $\overline{M}_c$

No estado de inchamento de equilíbrio, a elasticidade do polímero aumenta o potencial químico do solvente na solução polimérica, de modo a igualar o excesso de solvente adjacente ao gel inchado. O modelo de Flory-Rehner descreve o rácio de inchamento de equilíbrio (Q) de polímeros reticulados com base no postulado de que as forças de retração elástica das cadeias poliméricas e a compatibilidade termodinâmica do polímero com as moléculas de solvente se equilibram mutuamente durante o inchamento [7]. Para um sistema fechado a temperatura constante (T) e P/V (pressão sobre o volume), a energia livre é minimizada e o sistema está em equilíbrio quando o potencial químico da água é o mesmo dentro e fora do gel [41], ou seja, $\mu_1^o = \mu_1$, onde μ_1^o e μ_1 são os potenciais químicos da água no estado puro e no gel, respetivamente. Podemos ter a seguinte relação quando o equilíbrio de inchaço é atingido [25].

$$\mu_1 - \mu_1^o = 0 \qquad \text{ou}$$

$$\Delta\mu = \Delta\mu_{mix} + \Delta\mu_{el} = 0 \qquad (20)$$

O potencial químico (μ_i) descreve a forma como a energia livre de Gibbs varia por mole do componente "i", se T, P e $n_i \neq$ I, se mantiverem constantes e pode ser definido como energia livre molar parcial como $\mu_i = \left(\frac{\partial G}{\partial n_i}\right)_{T,P,n_x}$.

$$\therefore \Delta\mu_{mix} = \left[\frac{\partial(\Delta G_{mix})}{\partial n_1}\right]_{T,P,n_2} \quad \& \quad \Delta\mu_{el} = \left(\frac{\partial(\Delta G_{el})}{\partial n_1}\right)_{T,P,n_2}$$

Agora $\Delta\mu_{mix} = \left[\frac{\partial(\Delta G_{mix})}{\partial n_1}\right]_{T,P,n_2}$

$$= \frac{\partial}{\partial n_1}\left[kT(n_1 \ln\phi_{1,s} + n_2 \ln\phi_{2,s} + n_1\chi_1\phi_{2,s})\right]$$

$$= kT\left[\ln\phi_{1,s} + \frac{n_1}{\phi_{1,s}} \times \frac{\partial\phi_{1,s}}{\partial n_1} + \frac{n_2}{\phi_{2,s}} \times \frac{\partial\phi_{2,s}}{\partial n_1} + \chi_1\phi_{2,s} + n_1\chi_1\frac{\partial\phi_{2,s}}{\partial n_1}\right]$$

Colocando $\phi_{1,s} = \frac{n_1}{n_1 + xn_2}$ e $\phi_{2,s} = \frac{xn_2}{n_1 + xn_2}$ na equação acima, temos:

$$\Delta\mu_{mix} = kT\left[\ln\phi_{1,s} + \frac{n_1}{\phi_{1,s}}\left(\frac{xn_2}{(n_1 + xn_2)^2}\right) + \frac{n_2}{\phi_{2,s}}\left(\frac{-xn_2}{(n_1 + xn_2)^2}\right) + \chi_1\phi_{2,s} - \chi_1 n_1 \cdot \frac{xn_2}{(n_1 + xn_2)^2}\right]$$

Por simplificação, obtemos:

$$\Delta\mu_{mix} = kT\left[\ln\phi_{1,s} + \phi_{2,s} - \frac{1}{x}\phi_{2,s} + \chi_1\phi_{2,s}(1 - \phi_{1,s})\right] \text{ ou}$$

$$\Delta\mu_{mix} = \mathrm{kT}\left[\ln\phi_{1,s} + \left(1 - \frac{1}{\mathrm{x}}\right)\phi_{2,s} + \chi_1\phi_{2,s}^2\right] \qquad \because \phi_{1,s} + \phi_{2,s} = 1 \qquad (21)$$

Para um polímero de peso molecular infinito, temos $x = \infty$, a equação (20) é simplificada da seguinte forma [25]:

$$\Delta\mu_{mix} = kT\left[\ln(1 - \phi_{2,s}) + \phi_{2,s} + \chi_1\phi_{2,s}^2\right] \qquad (22)$$

Agora $\Delta\mu_{el} = \left[\frac{\partial(\Delta G_{el})}{\partial n_1}\right]_{T,P,n_2} = \left(\frac{\partial(\Delta G_{el})}{\partial \alpha}\right)_{T,P,n_2}\left(\frac{\partial \alpha}{\partial n_1}\right)_{T,P,n_2}$ (23)

Aqui $\alpha^3 = \frac{V_s}{V_r} = \frac{1}{\phi_{2,s}} = \frac{\left(V_r + \frac{n_1 v_{m,1}}{N_{AV}}\right)}{V_r}$, onde V_r e V_s são o volume do gel relaxado e inchado, $v_{m,1}$ é o volume molar do solvente e N_{AV} é o número de Avogadro. Por conseguinte

$\alpha^3 = \frac{\left(V_r + \frac{n_1 v_{m,1}}{N_{AV}}\right)}{V_r} = 1 + \frac{n_1}{N_{AV}}\left(\frac{v_{m,1}}{V_r}\right)$ tomando a derivada parcial de ambos os lados a T, P e n_2 constantes, temos:

$$\left(\frac{\partial \alpha^3}{\partial n_1}\right)_{T,P,n_2} = \frac{\partial}{\partial n_1}\left[1 + \frac{n_1}{N_{AV}}\left(\frac{v_{m,1}}{V_r}\right)\right]$$

$$3\alpha^2\left(\frac{\partial \alpha}{\partial n_1}\right)_{T,P,n_2} = \frac{v_{m,1}}{N_{AV} V_r}$$

$$\left(\frac{\partial \alpha}{\partial n_1}\right)_{T,P,n_2} = \frac{v_{m,1}}{3\alpha^2 N_{AV} V_r} \qquad (24)$$

Também $\left(\frac{\partial(\Delta G_{el})}{\partial \alpha}\right)_{T,P,n_2} = \frac{\partial}{\partial \alpha}\left[\frac{3}{2} kT \nu_e (\alpha^2 - 1 - \ln\alpha)\right] = \frac{3}{2} kT \nu_e \left(2\alpha - \frac{1}{\alpha}\right)$ (25)

Utilizando as equações (23), (24) e (25), temos:

$$\Delta\mu_{el} = \frac{3}{2} kT \nu_e \left(2\alpha - \frac{1}{\alpha}\right) \times \frac{v_{m,1}}{3\alpha^2 N_{AV} V_r} \qquad \text{ou}$$

$\Delta\mu_{el} = \frac{3}{2}\frac{kT}{N_{AV}}\left(\frac{\nu_e}{V_r}\right) v_{m,1}\left(\frac{2}{3\alpha} - \frac{1}{3\alpha^3}\right)$, mas $\alpha^3 = \frac{1}{\phi_{2,s}}$ or $\alpha = \left(\frac{1}{\phi_{2,s}}\right)^{\frac{1}{3}}$ [21], pelo que temos:

$$\Delta\mu_{el} = \frac{3}{2}\frac{kT}{N_{AV}}\left(\frac{\nu_e}{V_r}\right) v_{m,1}\left(\frac{2}{3}\phi_{2,s}^{\frac{1}{3}} - \frac{1}{3}\phi_{2,s}\right) = kT\left(\frac{\nu_e}{V_r}\right)\frac{v_{m,1}}{N_{AV}}\left(\phi_{2,s}^{\frac{1}{3}} - \frac{\phi_{2,s}}{2}\right) \qquad (26)$$

Agora, em condições de equilíbrio, temos $\Delta\mu_{mix} + \Delta\mu_{el} = 0$ ou seja

$$kT\left[\ln(1-\phi_{2,s}) + \phi_{2,s} + \chi_1\phi_{2,s}^2\right] + kT\left(\frac{\nu_e}{V_r}\right)\frac{v_{m,1}}{N_{AV}}\left(\phi_{2,s}^{\frac{1}{3}} - \frac{\phi_{2,s}}{2}\right) = 0 \text{ ou}$$

$$-kT\left[\ln(1-\phi_{2,s})+\phi_{2,s}+\chi_1\phi_{2,s}^2\right]=kT\left(\frac{\nu_e}{V_r}\right)\frac{v_{m,1}}{N_{AV}}\left(\phi_{2,s}^{\frac{1}{3}}-\frac{\phi_{2,s}}{2}\right) \quad \text{ou}$$

$$-\left[\ln(1-\phi_{2,s})+\phi_{2,s}+\chi_1\phi_{2,s}^2\right]=\left(\frac{\nu_e}{V_r}\right)\frac{v_{m,1}}{N_{AV}}\left(\phi_{2,s}^{\frac{1}{3}}-\frac{\phi_{2,s}}{2}\right) \quad (27)$$

Agora sabemos que a expressão para o número efetivo de cadeias na rede (ν_e) é

$\nu_e=\nu\left(1-\frac{2\overline{M}_c}{M_n}\right)$ [15], em que $\overline{M}_c$ = peso molecular entre reticulações, M_n = peso molecular médio do polímero não reticulado e ν = número de unidades reticuladas, ou seja, $\nu=\frac{V_rN_{AV}}{v_{sp,2}\overline{M}_c}$, em que $v_{sp,2}$ é o volume específico do polímero.

$$\therefore\ \nu_e=\frac{V_rN_{AV}}{v_{sp,2}\overline{M}_c}\left(1-\frac{2\overline{M}_c}{M_n}\right) \text{ ou} \left(\frac{\nu_e}{V_rN_{AV}}\right)=\frac{1}{v_{sp,2}}\left(\frac{1}{\overline{M}_c}-\frac{2}{M_n}\right) \quad (28)$$

Usando a equação (28), a equação (27) pode ser escrita como:

$$-\left[\ln(1-\phi_{2,s})+\phi_{2,s}+\chi_1\phi_{2,s}^2\right]=\frac{v_{m,1}}{v_{sp,2}}\left(\frac{1}{\overline{M}_c}-\frac{2}{M_n}\right)\left(\phi_{2,s}^{\frac{1}{3}}-\frac{\phi_{2,s}}{2}\right) \quad \text{ou}$$

$$\frac{1}{\overline{M}_c}=\frac{2}{M_n}-\frac{\left(\frac{v_{sp,2}}{v_{m,1}}\right)\left[\ln(1-\phi_{2,s})+\phi_{2,s}+\chi_1\phi_{2,s}^2\right]}{\left(\phi_{2,s}^{\frac{1}{3}}-\frac{\phi_{2,s}}{2}\right)} \quad (29)$$

A equação (29) é conhecida como equação de Flory-Rehner [7,10,26]. O tratamento dado aqui é desenvolvido para uma rede em que as extremidades das cadeias são unidas tetra funcionalmente, ou seja, por reticulação convencional. Portanto, para uma rede em que as junções são f-funcionais, é necessário substituir $\frac{\phi_{2,s}}{2}$ por $\frac{2\phi_{2,s}}{f}$, onde 'f' é a funcionalidade do agente de reticulação; obtemos a seguinte equação para o hidrogel não ionizado [25]:

$$\frac{1}{\overline{M}_c} = \frac{2}{M_n} - \frac{\left(\frac{v_{sp,2}}{v_{m,1}}\right)\left[\ln(1-\phi_{2,s}) + \phi_{2,s} + \chi_1\phi_{2,s}^2\right]}{\left(\phi_{2,s}^{\frac{1}{3}} - \frac{2\phi_{2,s}}{f}\right)} \quad (30)$$

Se o peso molecular médio do polímero não cruzado for infinito, ou seja, $M_n = \infty$ e $\overline{M}_c \geq 1000$, então temos $\frac{2}{M_n} = 0$ e $\phi_{2,s}^{\frac{1}{3}} - \frac{\phi_{2,s}}{2} \approx \phi_{2,s}^{\frac{1}{3}}$ A equação (29) é simplificada da seguinte forma:

$\frac{1}{\overline{M}_c} = -\left(\frac{v_{sp,2}}{v_{m,1}}\right)\frac{\left[\ln(1-\phi_{2,s}) + \phi_{2,s} + \chi_1\phi_{2,s}^2\right]}{\phi_{2,s}^{\frac{1}{3}}}$ Sabemos que o volume específico = $\frac{1.0}{density}$, pelo que, para uma solução polimérica, temos $v_{sp,2} = \frac{1}{d_p}$, em que d_p é a densidade do polímero. A equação (29) pode ainda ser simplificada como

$$\frac{1}{\overline{M}_c} = -\left(\frac{1}{d_p v_{m,1}}\right)\frac{\left[\ln(1-\phi_{2,s}) + \phi_{2,s} + \chi_1\phi_{2,s}^2\right]}{\phi_{2,s}^{\frac{1}{3}}} \quad \text{ou}$$

$$\overline{M}_c = -d_p v_{m,1}\phi_{2,s}^{\frac{1}{3}}\left[\ln(1-\phi_{2,s}) + \phi_{2,s} + \chi_1\phi_{2,s}^2\right]^{-1} \quad (31)$$

Utilizando a equação (31), ou seja, a forma modificada da equação de Flory-Rehner, podemos calcular $\overline{M}_c$ dos hidrogéis reticulados [3,27-31].

2.3 Derivação da equação modificada de Peppas e Merrill

Esta equação pode ser derivada substituindo $\alpha^3 = \frac{\phi_{2,r}}{\phi_{2,s}}$ e procedendo da mesma forma que procedemos da equação (22) para (28), obteremos:

$$\frac{1}{\overline{M}_c} = \frac{2}{M_n} - \frac{\left(\frac{v_{sp,2}}{v_{m,1}}\right)\left[\ln(1-\phi_{2,s}) + \phi_{2,s} + \chi_1\phi_{2,s}^2\right]}{\phi_{2,r}\left[\left(\frac{\phi_{2,s}}{\phi_{2,r}}\right)^{1/3} - \frac{1}{2}\left(\frac{\phi_{2,s}}{\phi_{2,r}}\right)\right]} \quad (32)$$

A equação (32) é conhecida como equação modificada de Peppas e Merrill, utilizada para calcular a massa molecular entre ligações cruzadas [32-37].

2.4 Conclusões

A investigação do rácio de dilatação de equilíbrio pode elucidar a estrutura da rede e os valores $\overline{M}_c$ do hidrogel dilatado. Os valores elevados de $\overline{M}_c$ indicam a natureza mais elástica e as características de inchaço rápido dos polímeros num meio de inchaço compatível. A expressão para $\overline{M}_c$ pode ser derivada através do estudo da termodinâmica do inchamento do hidrogel. Os valores de $\overline{M}_c$ influenciam significativamente as características estruturais e mecânicas das redes reticuladas de hidrogéis e estão diretamente correlacionados com a natureza e a extensão da densidade de reticulação e a sua determinação tem um grande significado prático, uma vez que os valores de $\overline{M}_c$ dependem das características físico-químicas dos solventes de uma forma complicada e são também o principal fator que determina a propriedade elástica dos hidrogéis.

2.5 Referências

[1] Mahmudi N, Rendevski S. Síntese por radiação de hidrogéis AAM/DMAEMA/MBA para absorção do herbicida 2, 4-D. *BALWOIS 2010-Ohrid: República da Macedónia-25*, **2010**.

[2] Grassi M, Grassi G. Mathematical modelling and controlled drug delivery: matrix systems. *Curr Drug Deliv* **2005**;2:97-116.

[3] Raj Singh TR, McCarron PA, Woolfson AD, Donnelly RF. Investigação do inchaço e dos parâmetros de rede dos hidrogéis de poli(etilenoglicol) com ligações cruzadas de poli(metil vinil éter-co-ácido *maleico*). *Eur Polym J* **2009**;45:1239-49.

[4] Lira LM, Martins KA, Cordoba de Torresi SI. Parâmetros estruturais de hidrogéis de poliacrilamida obtidos pela teoria do inchamento de equilíbrio. *Eur Polym J* **2009**;45:1232-8.

[5] Caykara T, Bulut M, Dilsiz N, Akyuz Y. Macroporous poly(acrylamide) hydrogels: swelling and shrinking behaviors. *J Macromol Sci Part A Pure Appl Chem* **2006**;43:889-97.

[6] Frisch T, Verga A. Slow relaxation and solvent effects in the collapse of a polymer. *Physical Review E* **2002**;66:041807.

[7] Baumgartner S, Kristl J, Peppas NA. Estrutura de rede de éteres de celulose utilizados em aplicações farmacêuticas durante o inchaço e em equilíbrio. *Pharm Res* **2002**;19:1084-90.

[8] Slaughter BV, Khurshid SS, Fisher OZ, Khademhosseini A, Peppas NA. Hydrogels in regenerative medicine. *Adv Mater* **2009**;21:3307-29.

[9] Oliveira ED, Silva AFS, Freitas RFS; Contribuições para a termodinâmica de sistemas de hidrogéis poliméricos. *Polímeros* **2004**;45:1287-93.

[10] Peppas NA, Hilt JZ, Khademhosseini A, Langer R. Hydrogels in biology and medicine: from molecular principles to bionanotechnology. *Adv Mater* **2006**;18:1345-60.

[11] Peppas NA, Bures P, Leobandung W, Ichikawa H. Hydrogels in pharmaceutical formulations. *Eur J Pharm Biopharm* **2000**;50:27-46.

[12] Neuburger NA, Eichinger BE. Teste experimental crítico da teoria do inchaço de Flory-Rehner. *Macromolecules* **1988**;21:3060-70.

[13] Ganji F, Vasheghani-Farahani S, Vasheghani-Farahani E. Theoretical Description of Hydrogel Swelling: A Review. *Iran Polym J* **2010**;19:375-98.

[14] Huang Y, Jin X, Liu H, Hu Y. Um modelo termodinâmico molecular para o inchaço de hidrogéis termo-sensíveis. *Fluid Phase Equilibria* **2008**;263:96-101.

[15] Flory PJ, Principles of Polymer Chemistry. Ithaca, Nova Iorque: Cornell University Press, **1953**.

[16] Liu Y, Shi B. Determinação dos parâmetros de interação de Flory entre poliimida e solventes orgânicos pela teoria HSP e IGC. *Polym Bull* **2008**;61:501-9.

[17] Cecopieri-Gomez ML, Palacios-Alquisira J. parâmetro de interação (χ_1) ; fator de expansão (ε); fator de impedimento estérico (σ); e fator de heilding (ξ); para o sistema peg-organic solvents por medidas de viscosidade intrínseca. *J Brazil Chem Soc* **2005**;16:426-33.

[18] Gliko-Kabir I, Yagen B, Penhasi A, Rubinstein A. Guar reticulado de baixo inchaço e sua potencial utilização como transportador de medicamentos específicos para o cólon. *Pharm Res* **1998**;15:1019-25.

[19] Zhihui L, Wenhui W, Jianquan W, Xin J. Comportamentos de inchamento, propriedades de tração e interacções termodinâmicas em hidrogéis copoliméricos APS/HEMA. *Front Mater Sci China* **2007**;1:427-31.

[20] Erbil C, Topuz D, Gokceoren AT, Senkal BF. Parâmetros de rede de hidrogéis de poli(N-isopropil acrilamida)/montmorilonite: efeitos do acelerador e do teor de argila. *Polym Adv Technol* **2010**;22(12):1696-1704.

[21] Lin Z, Wu W, Wang J, Jin X. Estudos sobre o comportamento de inchamento, propriedades mecânicas, parâmetros de rede e interação termodinâmica da sorção de água de hidrogéis copoliméricos de resina de éster vinílico epóxi de 2-hidroxietil metacrilato/novolac. *React Funct Polym* **2007**;67:789-97.

[22] Menshikov EA, Bolshakova AV, Yaminskii IV. Determinação do parâmetro flory-huggins para um par de unidades poliméricas a partir de dados AFM para películas finas de copolímeros em bloco. *Proteção de Metais e Química Física de Superfícies* **2009**;45:295-9.

[23] Flory PJ. Termodinâmica de soluções com alto teor de polímeros. *J Chem Phys* **1942**;10:51-61.

[24] Flory PJ. Statistical thermodynamics of rubber elasticity (Termodinâmica estatística da elasticidade da borracha). *J Chem Phys* **1951**;19:1435-9.

[25] Peppas NA, Huang Y, Torres-Lugo M, Ward JH, Zhang J. Physicochemical foundations and structural design of hydrogels in medicine and biology. *Annu Rev Biomed Eng* **2000**;2:9-29.

[26] Lin C, Metters AT. Hidrogéis em formulações de libertação controlada: Conceção de redes e modelação matemática. *Adv Drug Deliv Rev* **2006**;58:1379-1408.

[27] Kulkarni AR, Soppimath KS, Aminabhavi TM, Dave AM, Mehta MH. Esferas de alginato de sódio reticulado com glutaraldeído contendo pesticida líquido para aplicação no solo. *J Contr Rel* **2000**;63:97-105.

[28] Aithal US, Aminabhavi TM, Cassidy PE, Interacções de halogenetos orgânicos com um elastómero de poliuretano. *J Memb Sci* **1990**;50:225-47.

[29] Bajpai SK, Singh S. Analysis of swelling behavior of poly(*methacrylamide-co-methacrylic* acid) hydrogels and effect of synthesis conditions on water uptake. *React Funct Polym* **2006**;66:431-40.

[30] Abdel-Azim AA, Abdul-Raheim AM, Atta AM, Brostow W, Datashvili T. Swelling and network parameters of crosslinked porous octadecyl acrylate copolymers as oil spill sorbers. *e-Polymers* **2009**; 134:1-14.

[31] Singh B, Sharma, V. Estudo de correlação de parâmetros estruturais de polímeros bioadesivos na conceção de um sistema de administração de medicamentos sintonizável. *Langmuir* **2014**;30:8580-91.

[32] Li X, Wu W, Wang J, Duan Y. O comportamento de inchaço e os parâmetros de rede de hidrogéis de rede de polímeros semi-interpenetrantes de goma de guar/ácido acrílico. *Carbohydr Polym* **2006**;66:473-9.

[33] Gudeman LF, Peppas NA. Membranas sensíveis ao pH a partir de redes interpenetrantes de poli(álcool vinílico)/poli(ácido acrílico). *J Memb Sci* **1995**;107:239-48.

[34] Mawad D, Odell R, Poole-Warren LA. Estrutura da rede e libertação de fármacos macromoleculares a partir de hidrogéis de poli(álcool vinílico)

fabricados através de duas estratégias de reticulação. *Int J Pharm* **2009**;366:31-7.

[35] Bell CL, Peppas NA. Water, solute and protein diffusion in physiologically responsive hydrogels of poly(methacrylic acid-g-ethylene glycol). *Biomaterials* **1996**;17:1203-18.

[36] Chen FR, Chen HF. Separação por pervaporação de misturas de etilenoglicol-água utilizando membranas compósitas de PVA-PES reticuladas. Parte I. Efeitos das condições de preparação da membrana no desempenho da pervaporação. *J Memb Sci* **1996**;109:247-56.

[37] Carvajal-Millan E, Landillon V, Morel MH, Rouau X, Doublier JL, Micard V. Arabinoxylan gels: Impacto do grau de feruloilação na sua estrutura e propriedades. *Biomacromolecules* **2005**;6:309-17.

Capítulo 3

Determinação dos parâmetros de rede a partir de $\overline{M_c}$ e correlação com dispositivos de administração de fármacos em hidrogel

A estrutura da rede é definida por vários parâmetros, ou seja, o número de ligações cruzadas, a sua funcionalidade e distribuição, os defeitos da rede (cadeias e laços pendentes) e os emaranhados [1]. A caraterização da estrutura da rede de hidrogéis pode ser estudada através da determinação de vários parâmetros, tais como a fração de volume do polímero no estado inchado ($\phi_{2,s}$), o parâmetro de interação polímero-penetrante solvente do tipo Flory-Huggins (χ_1), o peso molecular da cadeia de polímero entre duas ligações cruzadas vizinhas ($\overline{M_c}$), a densidade de ligações cruzadas (ρ), e o tamanho da malha correspondente (ξ). Destes, $\phi_{2,s}$ pode ser avaliado experimentalmente e os restantes parâmetros podem ser avaliados utilizando o valor deste parâmetro. A magnitude de $\overline{M_c}$ afecta extensivamente as características físicas e mecânicas dos polímeros reticulados e está diretamente relacionada com a sua densidade de reticulação e desempenha um papel decisivo na propriedade elástica dos hidrogéis [2-4]. O inchamento em equilíbrio é amplamente utilizado para determinar $\overline{M_c}$ [5-8].

Para calcular os valores de $\overline{M_c}$, podemos utilizar a equação (31), ou seja, a equação de Flory-Rehner [9-14], na forma seguinte:

$$\overline{M_c} = -d_p v_{m,1} \phi_{2,s}^{\frac{1}{3}} \left[\ln(1-\phi_{2,s}) + \phi_{2,s} + \chi_1 \phi_{2,s}^2 \right]^{-1}$$

3.1 Expressões para determinar a densidade de ligações cruzadas (ρ) e a dimensão da malha (ξ) a partir do valor $\overline{M_c}$

A fração de volume do polímero no estado inchado é uma medida da quantidade de fluido absorvido e retido pelo hidrogel [15]. A fração de volume ($\phi_{2,s}$) do polímero no estado inchado foi calculada pelo método utilizado por Aithal e colaboradores [13]. De acordo com o qual $\phi_{2,s}$ pode ser calculado [14,16-18] através da equação (33).

$$\phi_{2,s} = Q_v^{-1} = \frac{V_p}{V_g} = \left[\left(\frac{d_p}{d_s}\right)\left(\frac{w_\infty - w_o}{w_o}\right) + 1\right]^{-1} \quad (33)$$

Onde d_p e d_s são as densidades do polímero e do solvente, respetivamente; w_o e w_∞ são, respetivamente, o peso do polímero antes e após 24 horas de inchamento, Q_v é o rácio de inchamento de equilíbrio, V_p e V_g são o volume do polímero e o volume do gel inchado, respetivamente, e $v_{m,1}$ é o volume molar do agente de inchamento (18,1 cm^3 /mol para a água). O parâmetro de interação de Flory-Huggins (χ_1) pode ser calculado experimentalmente a partir do coeficiente de temperatura [12,13,18,19] da fração de volume $\left(\frac{d\phi_{2,s}}{dT}\right)$. Assim, a partir do modelo de Flory-Rehner:

$$\chi_1 = \left[\phi_{2,s}(1-\phi_{2,s})^{-1} + N\ln(1-\phi_{2,s}) + N\phi_{2,s}\right]\left[2\phi_{2,s} - \phi_{2,s}^2 N - \phi_{2,s}^2 T^{-1}\left(\frac{d\phi_{2,s}}{dT}\right)^{-1}\right]^{-1} \quad (34a)$$

em que $N = \left(\frac{\phi_{2,s}^{\frac{2}{3}}}{3} - \frac{2}{3}\right)\left(\phi_{2,s}^{\frac{1}{3}} - \frac{2}{3}\phi_{2,s}\right)^{-1}$ e $\left(\frac{d\phi_{2,s}}{dT}\right)$ é o declive obtido através da representação gráfica dos dados relativos à fração de volume ($\phi_{2,s}$) em função da temperatura (K). O parâmetro de interação Flory-Huggins (χ_1) dos hidrogéis também pode ser encontrado experimentalmente [7,20,21] utilizando a seguinte expressão:

$$\chi_1 = \frac{1}{2} + \frac{\phi_{2,s}}{3} \quad (34b)$$

De acordo com a teoria das soluções regulares, a relação entre o parâmetro de interação de Flory-Huggins e os parâmetros de solubilidade [22,23], conhecida como método de Bristow-Watson [13], é dada pela seguinte equação

$$\chi_1 = \chi_S + \left(\frac{v_{m,1}}{RT}\right)(\delta_1 - \delta_2)^2 \qquad (34c)$$

em que $\chi_S = \frac{1}{z}\left(1 - \frac{1}{m}\right) = 0.34$ é a contribuição da entropia para χ_1 , também designada por constante da rede, para a solução do polímero, δ_1 e δ_2 são os parâmetros de solubilidade do solvente e do polímero, respetivamente, z = número de coordenação da rede, m = comprimento da cadeia e $v_{m,1}$ = volume molar do solvente.

As características de dilatação da estrutura de rede do gel têm dependido da extensão das junções intermoleculares por unidade de volume, descrita como densidade de ligações cruzadas (ρ) [24,25], e para analisar melhor o comportamento de absorção de solventes dos hidrogéis em meio aquoso, a densidade de ligações cruzadas (ρ) pode ser calculada através da seguinte equação (35) [9,18,26-31].

$$\rho = \frac{1}{v_{sp,2}\left(\overline{M_c}\right)} = \frac{d_p}{\overline{M_c}} \qquad (35)$$

onde, $v_{sp,2} = \frac{1}{d_p}$ é o volume específico do polímero. A densidade de ligações cruzadas pode ser influenciada pelo rácio de reticulante, pela funcionalidade do reticulante, pelo tempo de radiação para a reticulação e pelo peso molecular dos segmentos da cadeia polimérica. Uma maior densidade de ligações cruzadas conduz a uma maior força de retração da rede inchada e, por conseguinte, a um menor grau de inchamento.

O tamanho da malha, (ξ) define o espaço entre as cadeias poliméricas/macromoleculares (Figura 9) numa rede reticulada e é caracterizado pelo comprimento de correlação entre duas ligações cruzadas adjacentes.

O tamanho da malha é um componente crítico para determinar a resistência mecânica, a degradabilidade e a difusividade da molécula de libertação [32]. Na sua forma intumescida, os hidrogéis mais utilizados em aplicações biológicas têm malhas com tamanhos que variam entre 5 e 100 nm. Trata-se de um parâmetro importante das redes de hidrogéis para a compreensão das propriedades de difusão e transporte de redes poliméricas baseadas em macromoléculas [33]. A taxa de difusão e encapsulamento do fármaco foi largamente influenciada pela arquitetura da rede e pelo teor de solvente no hidrogel inchado [34,35]. As modulações nas características de inchamento das redes poliméricas resultaram na alteração da dimensão da malha dos géis, o que alterou as características de difusão e libertação dos hidrogéis carregados com fármacos [36,37].

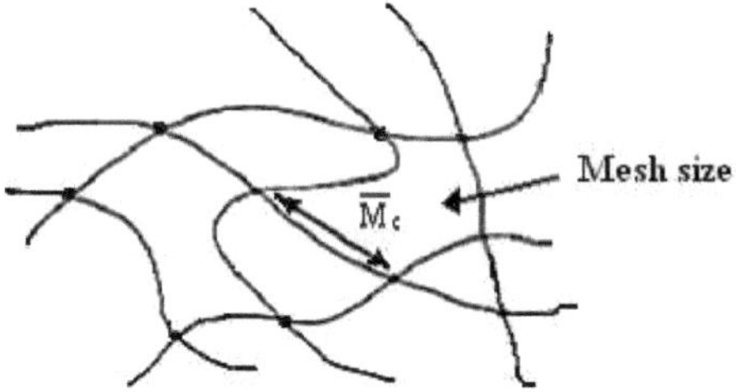

Figura 9: Tamanho da malha da rede polimérica inchada.

O tamanho da malha linear (ξ) das redes de gel foi calculado usando a equação (33), conforme discutido por Gudeman e Peppas [38]. O tamanho da malha [14,29,39] pode ser descrito usando a seguinte equação (34):

$$\xi = \phi_{2,s}^{-1/3}(\bar{r}_o^{\,2})^{1/2} = Q_v^{1/3}(\bar{r}_o^{\,2})^{1/2} = \alpha(\bar{r}_o^{\,2})^{1/2} \quad (36)$$

em que Q_v = razão volumétrica de inchamento, α = razão de alongamento do polímero em qualquer direção e $(\bar{r}_o^{\,2})^{1/2}$ é a raiz quadrada do quadrado da distância média de extremidade a extremidade da cadeia da rede entre duas ligações cruzadas adjacentes no estado não perturbado [27,38,40]. Para o hidrogel inchado isotropicamente :

$\alpha = (\phi_{2,s})^{-1/3}$ e $(\bar{r}_o^{\,2})^{1/2} = l(C_n N)^{1/2}$ onde l = comprimento da ligação ao longo da espinha dorsal do polímero (1,54 Å), C_n = razão caraterística de Flory, N = número de ligações $= \dfrac{2\overline{M}_c}{M_r}$, onde M_r é o peso molecular das unidades repetitivas e é definido como: $M_r = \dfrac{m_1 M_1 + m_2 M_2}{m_1 + m_2}$, onde m_1 e m_2 são as massas dos monómeros e M_1 e M_2 são as suas massas molares, respetivamente [14,41].

Por conseguinte, a equação (33) pode ser modificada para a equação (35), que pode ser utilizada para calcular a dimensão da malha da rede polimérica [28].

$$\xi = \phi_{2,s}^{-1/3} l \left(C_n \frac{2\overline{M}_c}{M_r} \right)^{1/2} \qquad (37)$$

O tamanho médio dos poros (ξ) [10,11,31,42] das redes de hidrogel pode ser calculado pela média da equação (38).

$$\xi = 0.071 \phi_{2,s}^{-1/3} (\overline{\mathrm{M}}_c)^{1/2} \qquad (38)$$

Para calcular os parâmetros de rede dos hidrogéis, é necessário obter dados de inchamento de hidrogéis de peso e tamanho definidos em água destilada. Em primeiro lugar, as dimensões dos hidrogéis foram medidas e, em seguida, a densidade de ligações cruzadas (ρ) na rede de hidrogéis foi avaliada através do conhecimento do peso e do volume dos hidrogéis. As amostras de densidade conhecida foram colocadas num solvente adequado (por exemplo, água destilada), deixadas a inchar até ao equilíbrio a uma temperatura fixa e foram pesadas após 24 h. Os valores $\phi_{2,s}$ do polímero no estado inchado do hidrogel foram calculados a diferentes temperaturas utilizando a equação (33). O parâmetro de interação Flory-Huggins (χ_1) é calculado experimentalmente através do conhecimento do declive do gráfico $\phi_{2,s}$ versus temperatura (T) e da utilização da equação (34a). Além disso, os valores $\overline{M}_c$ dos hidrogéis inchados são determinados utilizando a equação (31) a uma determinada temperatura e os valores $\phi_{2,s}$ correspondentes. Os valores ρ e ξ dos polímeros inchados foram calculados utilizando as equações (35) e (37), respetivamente, colocando $\overline{M}_c$ o valor do hidrogel a uma temperatura fixa.

3.2 Relação entre os parâmetros de rede dos hidrogéis e os dispositivos de administração de medicamentos

Na sua maioria, as aplicações biomédicas dos hidrogéis têm origem na estrutura reticulada, que é caracterizada por vários parâmetros de rede [43]. No caso de aplicações DD, a taxa de difusão do fármaco a partir do hidrogel carregado de fármaco pode ser adaptada através da avaliação de vários parâmetros de rede, tais como , $\phi_{2,s}$ $\overline{M}_c$, ρ e os valores ξ correspondentes [44]. O desempenho de inchaço e libertação do hidrogel depende muito da extensão das interligações, ou seja, da densidade de ligações cruzadas (ρ) e dos valores χ_1 , ou seja, do parâmetro de interação de Flory [24]. O parâmetro de interação de Flory reflecte a interação termodinâmica nos hidrogéis, o que, por sua vez, indica a alteração da energia de interação quando o polímero e o solvente se misturam [45]. Os valores de χ_1 dependem de $\phi_{2,s}$ e da temperatura do meio de inchamento. Em solventes pobres com $\chi_1 \geq 0.7$, a extensão do inchaço de equilíbrio dos polímeros não é afetada de todo por desvios no pH e na temperatura dos meios. Para bons solventes $\chi_1 \leq 0.5$; no entanto, devido ao aumento das interacções polímero-solvente, a dilatação de equilíbrio é afetada pela variação da temperatura e do pH [46]. As alterações na energia livre (ΔG) , na entalpia (ΔH) e na entropia (ΔS) ao longo do inchamento dos hidrogéis num solvente adequado podem ser calculadas a partir dos declives e intercepções do gráfico entre χ_1 e 1/T utilizando a seguinte expressão: $\chi_1 = \frac{\Delta G}{RT} = \frac{(\Delta H - T\Delta S)}{RT}$. Os valores negativos de ΔH e ΔS indicam que os hidrogéis apresentam LCSTs (baixa temperatura crítica de solução) em água [46].

A abordagem mais simples para obter uma libertação sustentada e lenta de fármacos a partir de hidrogéis carregados com fármacos consiste em modificar a configuração macromolecular da rede de gel, o que pode ser conseguido através da reticulação de cadeias macromoleculares para formar redes poliméricas 3-D [47]. Os valores $\overline{M}_c$ dos hidrogéis definem a integridade física e mecânica dos polímeros reticulados e estão correlacionados com a densidade de reticulação. Estes parâmetros de rede são influenciados pelas características físico-químicas dos solventes e arquitectam as características elásticas das redes de hidrogéis [2-4].

A capacidade de encapsulação do fármaco e a resistência mecânica/física dos hidrogéis aumentaram com o aumento da densidade de ligações cruzadas (ρ) dos hidrogéis [37,48]. Uma densidade de ligações cruzadas elevada conduziu a uma força de retração mais elevada nas redes de gel inchadas e resultou num menor grau de inchamento. O aumento da densidade de ligações cruzadas diminui a capacidade de intumescimento dos hidrogéis devido a um tempo de relaxamento mais lento da cadeia polimérica, o que resulta numa diminuição da taxa de libertação do fármaco [49]. Os parâmetros estruturais, como os valores ρ, também afectam o seu desempenho mucoadesivo, porque uma densidade de ligações cruzadas elevada reduz a flexibilidade da cadeia e a interpenetração das cadeias de polímero nas redes de mucina [45].

O tamanho da malha (ξ) é uma caraterística chave da rede para determinar a resistência mecânica, a degradabilidade e a difusão/libertação de moléculas de fármacos [50-52]. O tamanho da malha não reflecte necessariamente a disposição geométrica real das redes poliméricas nos hidrogéis [53]. Por outras palavras, o termo 'ξ' indica o tamanho máximo de solutos que podem passar através de redes poliméricas, portanto, indica o efeito de triagem de redes poliméricas no processo de difusão de solutos. Conhecer o tamanho das malhas das redes porosas de um hidrogel facilita a avaliação de vários coeficientes de difusão de moléculas de fármacos carregadas, que podem ser utilizadas para identificar o perfil de libertação de fármacos esperado e a cinética de libertação para aplicações de DD [32,54]. Os hidrogéis podem ser divididos em três categorias, de acordo com a dimensão da sua malha: hidrogéis não porosos (1-10 nm), hidrogéis microporosos (10-100 nm) e hidrogéis macroporosos (malhas com dimensões superiores a 100 nm) [55]. A maioria dos hidrogéis utilizados para fins biomédicos tem malhas de 5-100 nm no seu estado inchado [56].

No caso do hidrogel microporoso, os valores de ξ tendem a expandir-se para corresponder ao tamanho das partículas de soluto difusíveis no inchaço e o seu transporte ocorre devido ao efeito combinado do movimento molecular e da convecção nos poros cheios de solvente do hidrogel inchado.

O rácio do coeficiente de difusão no hidrogel em relação ao solvente puro (D_{ip} /D_{iw}) pode ser descrito como

$$\frac{D_{ip}}{D_{iw}} = (1-\lambda^2)(1-2.104\lambda+2.09\lambda^3-0.95\lambda^5) \quad (39)$$

onde, λ é a razão entre o diâmetro do soluto e o tamanho do poro (ξ) [57].

Canal e colaboradores [32] estabeleceram uma correlação entre o tamanho dos poros no hidrogel de PVA inchado e os seus valores $\phi_{2,s}$ no seu estado de equilíbrio inchado a 37° C (temperatura da maioria das aplicações biomédicas). Também demonstraram que para $\phi_{2,s}$ valores inferiores a 0,10, a correlação é $\xi \approx \phi_{2,s}^{-1/2}$, enquanto para $\phi_{2,s}$ valores superiores a 0,10 a correlação torna-se $\xi \approx \phi_{2,s}^{-1}$. Ambas as correlações dependem da concentração inicial da solução de polímero e esta exploração pode ser utilizada para determinar o values de vários hidrogéis biomédicos importantes, o que permite prever outras propriedades do gel, como os coeficientes de difusão do soluto e as características mecânicas dos hidrogéis em rede. Foi proposta uma lei de escala para os coeficientes de difusão de solutos no estado de equilíbrio do inchaço do hidrogel, que correlacionou estes coeficientes com o tamanho do soluto e a dimensão da malha do gel, para além dos valores $\phi_{2,s}$ dos hidrogéis inchados [58]. Todos estes parâmetros afectaram a cinética e o mecanismo de libertação de solutos dos hidrogéis em rede, juntamente com outras características estruturais dos hidrogéis [59]. Para as redes poliméricas com valores baixos de rácio soluto/malha, o processo de difusão foi principalmente dificultado pela extensão das interacções soluto-polímero [44]. No entanto, Stringer e Peppas [60] verificaram que os coeficientes de transporte e difusão de solutos mais pequenos, como a teofilina com pesos moleculares baixos, não eram influenciados pela extensão da reticulação e pela dimensão das malhas de gel. Os parâmetros de difusão efectiva dependiam apenas do rácio de dilatação de equilíbrio da rede de hidrogéis. A propriedade mais importante de um material polimérico absorvente é a sua capacidade de sorção e o parâmetro de interação χ_1 , a densidade de ligações cruzadas (ρ) e o número de grupos iónicos nas redes de gel são as variáveis-chave que modulam as propriedades de sorção dos hidrogéis [61].

A densidade de ligações cruzadas (ρ) é de grande importância na caraterização e avaliação das características estruturais dos hidrogéis devido à sua influência na arquitetura 3D, na integridade estrutural e nas propriedades da rede de interligação dos biomateriais. Os hidrogéis com baixa densidade de ligações cruzadas apresentam uma libertação rápida do fármaco carregado, ao passo que os hidrogéis com elevada densidade de ligações cruzadas apresentam uma elevada capacidade de carregamento do fármaco e podem ser utilizados para controlar a taxa de libertação do fármaco [37,45]. Os parâmetros da rede são sensíveis ao ambiente, como o pH [61], a temperatura [62] e a concentração de sal. Assim, ao adaptar a estrutura da rede de hidrogéis através do conhecimento de vários parâmetros estruturais, é possível desenvolver sistemas de libertação controlada de fármacos específicos para a libertação local de fármacos [43].

O conhecimento dos parâmetros da rede revelou-se uma ferramenta importante para a impressão molecular. Hart e colaboradores [63] referiram a dependência da seletividade e da capacidade absoluta dos hidrogéis reticulados em relação ao valor ρ dos polímeros. A concentração do reticulante influenciou as propriedades de carga e libertação de fármacos encapsulados em hidrogéis carregados com fármacos. Com o aumento do teor de N,N'-metileno bisacrilamida (MBA), a densidade de ligações cruzadas aumentou (de 3,95082 para 9,33350 $\times$ 10^4 mol/cm^3) e o tamanho da malha (ξ) diminuiu (57,004 para 34,800 Å) a 310,15 K ou 37° C. Com uma concentração mais baixa de reticulante, a densidade de reticulação do hidrogel é menor com um tamanho de malha grande, o que facilita a difusão das moléculas do fármaco nas redes poliméricas e resulta num elevado aprisionamento do fármaco em comparação com o hidrogel preparado com uma concentração elevada de reticulante [18]. A adição de mais reticulante diminuiu a percentagem de libertação cumulativa do fármaco carregado devido ao aumento do emaranhamento físico entre as cadeias de polímeros, o que resultou numa estrutura de rede compacta e menos porosa, conduzindo a uma menor dilatação, baixa capacidade de carga e libertação lenta de agentes curativos [64].

3.3 Conclusões

O inchaço dos sistemas DD baseados em hidrogéis desempenha um papel significativo na determinação dos parâmetros característicos da rede. Os vários parâmetros da rede estrutural dos hidrogéis influenciaram consideravelmente as características mecânicas e de difusão dos hidrogéis concebidos e estão diretamente relacionados com a natureza e a extensão da reticulação da cadeia polimérica. A determinação destes parâmetros estruturais tem um grande significado prático. Estes dependem das características físico-químicas dos solventes e são os principais aspectos da avaliação das propriedades elásticas e de dilatação do hidrogel. Assim, ao adaptar a estrutura da rede de hidrogéis através do conhecimento de vários parâmetros estruturais, é possível desenvolver sistemas de administração controlada de fármacos específicos para a administração local de fármacos.

3.4 Referências

[1] Valentin JL, Carretero-Gonzalez J, Mora-Barrantes I, Chasse W, Saalwachter K. Uncertainties in the determination of cross-link density by equilibrium swelling experiments in natural rubber. *Macromolecules* **2008**;41:4717-29.

[2] Karadag E, Saraydin D. Inchaço de hidrogéis de acrilamida-ácido tartárico. *Iran J Polym Sci Technol* **1995**;4:218-25.

[3] Makitra RG, Bryk DV, Palchikova EY. Inconsistência dos resultados na determinação da densidade de ligações cruzadas da cadeia em caustobiólitos de acordo com a teoria de Flory-Rehner. *Solid Fuel Chem* **2009**;43:201-4.

[4] Caykara T, Dogmus M, Kantoglu O. Network structure and swelling-shrinking behaviors of pH-sensitive poly(*acrylamide-co-itaconic* acid) hydrogels. *J Polym Sci: Part B Polym Phys* **2004**;42:2586-94.

[5] Karadag E, Saraydin D, Sahiner N, Guven O. Radiation induced acrylamide/citric acid hydrogels and their swelling behaviors. *J Macromol Sci: Pure Appl Chem* **2001**;38:1105-21.

[6] Davaran S, Rashidi MR, Khani A. Síntese de hidrogéis de hidroxipropilmetilcelulose quimicamente reticulados e sua aplicação na libertação controlada de ácido 5-amino-salicílico. *Drug Develop Indust Pharm* **2007**;33:881-7.

[7] Caykara T, Birlik G, Izol D. Reentrant phase transition and network parameters of hydrophobically modified poly[2-(diethylamino)*ethyl-methacrylate-co-N-vinyl-2-pyrrolidone/* octadecyl acrylate] hydrogels. *Eur Polym J* **2007**;3:514-21.

[8] Bajpai AK, Sharma M. Preparação e caraterização de misturas poliméricas enxertadas binárias de álcool polivinílico e gelatina e avaliação do seu potencial de absorção de água. *J Macromol Sci: Part A* **2005**;42: 663-82.

[9] Singh B, Sharma, V. Estudo de correlação de parâmetros estruturais de polímeros bioadesivos na conceção de um sistema de administração de medicamentos sintonizável. *Langmuir* **2014**;30:8580-91.

[10] Singh B, Sharma V, Kumar R, Mohan M. Desenvolvimento de hidrogel à base de fibra dietética de psílio para utilização em aplicações de administração de medicamentos. *Food Hydrocoll Health* **2022**;2:100059.

[11] Singh B, Sharma V. Influência dos parâmetros da rede de polímeros de hidrogéis responsivos a pH baseados em goma de tragacanto na entrega de medicamentos. *Carbohydr Polym* **2014**;101: 928- 40.

[12] Kulkarni AR, Soppimath KS, Aminabhavi TM, Dave AM, Mehta MH. Esferas de alginato de sódio reticulado com glutaraldeído contendo pesticida líquido para aplicação no solo. *J Contr Rel* **2000**;63:97-105.

[13] Aithal US, Aminabhavi TM, Cassidy PE, Interacções de halogenetos orgânicos com um elastómero de poliuretano. *J Memb Sci* **1990**;50:225-47.

[14] Bajpai SK, Singh S. Analysis of swelling behavior of poly(*methacrylamide-co-methacrylic* acid) hydrogels and effect of synthesis conditions on water uptake. *React Funct Polym* **2006**;66:431-40.

[15] Peppas NA, Bures P, Leobandung W, Ichikawa H. Hydrogels in pharmaceutical formulations. *Eur J Pharm Biopharm* **2000**;50:27-46.

[16] Turan E, Demirci S, Caykara T. Transições de fase induzidas pelo calor e pelo pH e parâmetros de rede de hidrogéis de ácido poli(n-isopropilacrilamideco-2-acrilamido-2-metil-propanossulfónico). *J Polym Sci: Part B Polym Phys* **2008**;46:1713-24.

[17] Eroglu MS. Caracterização da rede de poli(glicidil azida) energética. *Tr J Chem* **1997**;21:256-61.

18] Singh B, Chauhan N, Sharma V. Design of Molecular Imprinted Hydrogels for Controlled Release of Cisplatin: Evaluation of Network Density of Hydrogels [Conceção de hidrogéis com impressão molecular para libertação controlada de cisplatina: avaliação da densidade da rede de hidrogéis]. *Ind Eng Chem Res* **2011**;50:13742-51.

[19] Abdel-Azim AA, Abdul-Raheim AM, Atta AM, Brostow W, Datashvili T. Swelling and network parameters of crosslinked porous octadecyl acrylate copolymers as oil spill sorbers. *e-Polymers* **2009**; 134:1-14.

[20] Rao KSVK, Ha CS. Hidrogéis sensíveis ao pH baseados em amidas acrílicas e as suas características de dilatação e difusão com comportamento de administração de fármacos. *Polym Bull* **2009**;62:167-81.

[21] Xue W, Champ S, Huglin MB. Parâmetros de rede e inchaço de hidrogéis termorreversíveis quimicamente reticulados. *Polymer* **2001**;42:3665-9.

[22] Lindvig T, Michelsen ML, Kontogeorgis GM. Um modelo Flory-Huggins baseado nos parâmetros de solubilidade de Hansen. *Fluid Phase Equilibria* **2002**;203:247-60.

[23] Ovejero G, Perez P, Romero MD, Guzman I, Diez E. Solubilidade e parâmetros Flory Huggins do SBES, copolímero tribloco de poli(estireno-b-buteno/etileno-b-estireno), determinados pela viscosidade intrínseca. *Eur Polym J* **2007**;43:1444-9.

[24] Grassi M, Grassi G. Mathematical modelling and controlled drug delivery: matrix systems. *Curr Drug Deliv* **2005**;2:97-116.

[25] Mantovani F, Grassi M, Colombo I, Lapasin R. Uma combinação de métodos de sorção de vapor e de dispersão dinâmica de luz laser para a determinação do parâmetro de Flory χ e da densidade de ligações cruzadas de um gel polimérico em pó. *Fluid Phase Equilibria* **2000**;167:63-81.

[26] Lin Z, Wu W, Wang J, Jin X. Estudos sobre o comportamento de inchamento, propriedades mecânicas, parâmetros de rede e interação termodinâmica da sorção de água de hidrogéis copoliméricos de resina de éster vinílico epóxi de 2-hidroxietil metacrilato/novolac. *React Funct Polym* **2007**;67:789-97.

[27] Li X, Wu W, Wang J, Duan Y. O comportamento de inchamento e os parâmetros de rede de hidrogéis de rede de polímeros semi-interpenetrantes de goma de guar/ácido acrílico. *Carbohydr Polym* **2006**;66:473-9.

[28] Mawad D, Odell R, Poole-Warren LA. Estrutura da rede e libertação de fármacos macromoleculares a partir de hidrogéis de poli(álcool vinílico) fabricados através de duas estratégias de reticulação. *Int J Pharm* **2009**;366:31-7.

[29] Chen FR, Chen HF. Separação por pervaporação de misturas de etilenoglicol-água utilizando membranas compósitas de PVA-PES reticuladas. Parte I. Efeitos das condições de preparação da membrana no desempenho da pervaporação. *J Memb Sci* **1996**;109:247-56.

[30] Jhaveri SJ, Hynd MR, Mesfin ND, Turner JN, Shain W, Ober CK. Libertação do fator de crescimento nervoso de substratos revestidos com

hidrogel HEMA e o seu efeito na diferenciação de células neurais. *Biomacromolecules* **2009**;10:174–83.

[31] Chung JT, Vlugt-Wensink KDF, Hennink WE, Zhang Z. Efeito das condições de polimerização nas propriedades da rede de microesferas e macro-hidrogéis de dex-HEMA. *Int J Pharm* **2005**;288:51-61.

[32] Canal T, Peppas NA. Correlação entre o tamanho da malha e o grau de equilíbrio do inchaço das redes poliméricas. *J Biomed Mater Res* **1989**;23:1183-93.

[33] Hariharan D, Peppas NA. Caracterização, comportamento dinâmico de inchamento e transporte de soluto em redes catiónicas com aplicações ao desenvolvimento de sistemas de libertação controlada por inchamento. *Polymer* **1996**;37:149-61.

[34] Vakkalanka SK, Peppas NA. Comportamento de inchamento de terpolímeros em bloco sensíveis à temperatura e ao pH para administração de medicamentos. *Polym Bull* **1996**;36:221-5.

[35] Sannino A, Demitri C, Madaghiele M. Biodegradable cellulose-based hydrogels: design and applications. *Materiais* **2009**;2:353-73.

[36] Okay O, Sariisik SB, Zor SD. Comportamento de inchamento de hidrogéis aniónicos à base de acrilamida em soluções salinas aquosas: comparação da experiência com a teoria. *J Appl Polym Sci* **1998**;70:567-75.

[37] Varshosaz J, Koopaie N. Hidrogel de poli(álcool vinílico) reticulado: estudo do comportamento de inchaço e libertação de fármacos. *Iran Polym J* **2002**;11:123-31.

[38] Gudeman LF, Peppas NA. Membranas sensíveis ao pH a partir de redes interpenetrantes de poli(álcool vinílico)/poli(ácido acrílico). *J Memb Sci* **1995**;107:239-48.

[39] Du JZ, Sun TM, Weng SO, Chen XS, Wang J. Síntese e caraterização de hidrogéis foto-cross-linked baseados em polifosfóesteres bio-degradáveis e copolímeros de poli(etilenoglicol). *Biomacromolecules* **2007**;8:3375-81.

[40] Lin C, Metters AT. Hidrogéis em formulações de libertação controlada: Conceção de redes e modelação matemática. *Adv Drug Deliv Rev* **2006**;58:1379-1408.

[41] Yarimkaya S, Basan H. Synthesis and swelling behavior of acrylate-based hydrogels. *J Macromol Sci: Part A* **2007**;44:699-706.

[42] Singh B, Sharma V. Conceção de polímeros de ácido galacturónico/arabinogalactano reticulados com poli (vinilpirrolidona) e poli (2 acrilamido 2 metilpropano ácido sulfónico): Síntese, caraterização e aplicação de entrega de medicamentos. *Polímero* **2016**;91:50-61.

[43] Ende MT, Hariharan D, Peppas NA; Factores que influenciam o transporte e a libertação de fármacos e proteínas a partir de hidrogéis iónicos. *React Polym* **1995**;25:127-37.

[44] Ende MT, Peppas NA. Transporte de fármacos ionizáveis e proteínas em hidrogéis de poli(ácido acrílico) e poli(ácido acrílico-co-2-hidroxietilmetacrilato) reticulados. II. Estudos de difusão e libertação. *J Contr Rel* **1997**;48:47-56.

[45] Raj Singh TR, McCarron PA, Woolfson AD, Donnelly RF. Investigação do inchaço e dos parâmetros de rede de hidrogéis de poli(etilenoglicol) com ligações cruzadas de poli(metil vinil éter-co-ácido *maleico*). *Eur Polym J* **2009**;45:1239-49.

[46] Sen M, Sari S; Síntese por radiação e caraterização de hidrogéis de poli(N,N-dimetilaminoetil *metacrilato-co-N-vinil-2-pirrolidona*). *Eur Polym J* **2005**;41:1304-14.

[47] Gander B, Gurny R, Doelker E, Peppas NA. Effect of polymeric network structure on drug release from cross-linked poly(vinyl alcohol) micromatrices. *Pharm Res* **1989**;6:578-84.

[48] Kumar A, Pandey M, Koshy MK, Saraf SA. Síntese de hidrogel superporoso de inchaço rápido: efeito da concentração de reticulante e acdisol na taxa de inchaço e resistência mecânica. *Int J Drug Deliv* **2010**;2:135-40.

[49] Berger J, Reist M, Mayer JM, Felt O, Peppas NA, Gurny R. Structure and interactions in covalently and ionically crosslinked chitosan hydrogels for biomedical applications. *Eur J Pharm Biopharm* **2004**;57:19-34.

[50] Slaughter BV, Khurshid SS, Fisher OZ, Khademhosseini A, Peppas NA. Hydrogels in regenerative medicine. *Adv Mater* **2009**;21:3307-29.

[51] Peppas NA, Hilt JZ, Khademhosseini A, Langer R. Hydrogels in biology and medicine: from molecular principles to bionanotechnology. *Adv Mater* **2006**;18:1345-60.

[52] Bajpai SK, Bajpai M, Sharma L. Prolonged gastric delivery of vitamin b2 from a floating drug delivery system: Um estudo in vitro. *Iran Polym J* **2007**;16:521-7.

[53] Russell SM, Carta G. Mesh Size of Charged Polyacrylamide Hydrogels from Partitioning Measurements. *Ind Eng Chem Res* **2005**;44:8213-7.

[54] Shalviri A, Liu Q, Abdekhodaie MJ, Wu XY. Novos hidrogéis modificados de amido e goma xantana para administração controlada de medicamentos: Síntese e caraterização. *Carbohydr Polym* **2010**;79:898-907.

[55] Carvajal-Millan E, Landillon V, Morel MH, Rouau X, Doublier JL, Micard V. Arabinoxylan gels: Impacto do grau de feruloilação na sua estrutura e propriedades. *Biomacromolecules* **2005**;6:309-17.

[56] Datta A. Characterization of polyethylene glycol hydrogels for biomedical applications; A Thesis. B.E. Universidade de Pune: Índia, **2005**.

[57] Ganji F, Vasheghani-Farahani S, Vasheghani-Farahani E. Theoretical Description of Hydrogel Swelling: A Review. *Iran Polym J* **2010**;19:375-98.

[58] Lustig SR, Peppas NA. Difusão de soluto em membranas inchadas. IX. Leis de escala para a difusão de soluto em géis. *J Appl Polym Sci* **1988**;36:735-47.

[59] Reinhart CT, Peppas NA. Difusão de soluto em membranas inchadas. Parte II. Influência da reticulação nas propriedades difusivas. *J Memb Sci* **1984**;18:227-39.

[60] Stringer JL, Peppas NA. Diffusion of small molecular weight drugs in radiation-crosslinked poly(ethylene oxide) hydrogels. *J Contr Rel* **1996**;42:195-202.

[67] Atta AM, Abdel-Azim AAA. Efeito da funcionalidade do reticulador no inchaço e nos parâmetros de rede dos hidrogéis copoliméricos. *Polym Adv Technol* **1998**;9:340-8.

[62] Xue W, Huglin MB, Liao B. Propriedades de rede e termodinâmicas de hidrogéis de poli[1-(3-sulfopropil)-2-vinil-piridínio-betaína]. *Eur Polym J* **2007**;43:4355-70.

[63] Hart BR, Shea KJ. Molecular imprinting for the recognition of N-terminal histidine peptides in aqueous solution. *Macromolecules* **2002**;35:6192-201.

[64] Noureen S, Noreen S, Ghumman SA, Abdelrahman EA, Batool F, Aslam A, Mehdi M, Shirinfar B, Ahmed N. Um novo sistema de hidrogel sensível ao pH baseado em goma de Prunus armeniaca e ácido acrílico: Preparação e avaliação como potencial candidato à administração controlada de medicamentos. *Eur J Pharm Sci* **2023**;189:106555.

Capítulo 4

Factores que influenciam os parâmetros de rede dos hidrogéis

As características estruturais 3D reticuladas e os parâmetros de rede dos hidrogéis dependem fortemente do tipo de reticulação (covalente ou iónica), das técnicas de polimerização (química ou por radiação), dos parâmetros da reação sintética (concentração de monómeros, reticulantes, iniciadores e aditivos) e da natureza do meio de expansão utilizado (temperatura, pH e teor de sal).

4.1 Efeito das condições de reação de polimerização

A taxa de polimerização depende das condições de polimerização e exerce um efeito importante nas propriedades da rede (densidade de ligações cruzadas e tamanho dos poros) dos hidrogéis [1,2], na taxa de desintegração da rede de gel e na taxa de libertação de um fármaco aprisionado nos hidrogéis carregados com fármaco. Por exemplo, os hidrogéis sintetizados com menos água durante a polimerização mostraram uma diminuição no valor de ξ (tamanho da malha), enquanto as tendências inversas foram observadas em maior conteúdo de solvente [3-5]. As condições de reação incluem a concentração de iniciador de alimentação, monómeros, reticulante e aditivos (plastificante), juntamente com o tempo e a temperatura mantidos durante a reação de polimerização, influenciaram a densidade da rede dos hidrogéis [1]. Estes parâmetros afectaram a densidade da rede de polímeros e, subsequentemente, o comportamento de inchamento do gel, que é o pré-requisito para as utilizações biomédicas dos hidrogéis [6-9]. A temperatura de polimerização influencia a reatividade de várias moléculas presentes na mistura de reação e afecta as taxas de iniciação, propagação e terminação de radicais livres formados na espinha dorsal, no reticulador e no monómero [10-12]. A taxa de dissociação do iniciador de radicais livres aumenta com a temperatura da reação, o que aumenta a taxa de propagação da polimerização e a terminação por acoplamento de radicais. O aumento da concentração do iniciador durante as reacções de polimerização exerce um efeito sinérgico no inchaço dos hidrogéis. Isto deve-se à diminuição do peso molecular das cadeias poliméricas e às suas elevadas imperfeições de rede.

O aumento do teor de polissacarídeos no sistema de reação aumentou a relação entre o osso traseiro e o monómero e o reticulante, formou a rede de baixa densidade de reticulação e aumentou a dilatação dos hidrogéis. A natureza do meio de dilatação também afectou a dilatação das redes poliméricas. Observou-se que a dilatação dos hidrogéis iónicos à base de monómeros de ácido acrílico e de acrilamida era mais elevada no tampão de pH 7,4 do que no tampão de pH 2,2 e verificou-se que estes hidrogéis eram sensíveis ao pH, pelo que podiam ser explorados para desenvolver sistemas de DD específicos para cada local.

4.2 Efeito da concentração do iniciador

Durante o enxerto e a reticulação de monómeros vinílicos em polissacáridos, o comprimento cinético da cadeia diminui com o aumento da concentração do iniciador no sistema de reação. Este facto influencia diretamente o peso molecular do polímero. Geralmente, a percentagem de enxerto aumenta com o aumento da concentração do iniciador até um valor optimizado e depois diminui [13]. Os radicais livres são gerados devido à decomposição térmica/fotoquímica do APS (iniciador) no meio de polimerização para iniciar, propagar e terminar as cadeias poliméricas em crescimento. Ao aumentar a quantidade de [iniciador], as hipóteses de abstração de 'H' da macromolécula aumentam e a reação de transferência de cadeia entre a cadeia do copolímero e a espinha dorsal da matriz provoca o aumento do rendimento do enxerto [13]. Da mesma forma, a capacidade de absorção de água também foi modulada pela concentração de persulfato de amónio (APS) do iniciador [14] e o iniciador também influenciou a força do gel do hidrogel à base de polissacarídeos enxertados [15]. O aumento da concentração do iniciador elevou a taxa de polimerização e formaram-se redes poliméricas mais fortes com malhas mais pequenas e maior densidade de rede [16]. O enxerto em combinação com a reticulação diminuiu o rácio de dilatação com o aumento do teor de iniciador devido à diminuição do tamanho dos poros formados com cadeias de polímeros de menor peso molecular que restringiram o espaço livre dentro da estrutura da rede polimérica [17]. Chung e colaboradores [16] descobriram que as características da rede dependem das condições de polimerização, incluindo a concentração do iniciador, e que outras alterações nas propriedades da rede afectaram os perfis de libertação do fármaco ou das proteínas aprisionados. Eles relataram uma diminuição nos valores de $\overline{M}_c$ (33,5±6,9 para 18,9±2,1 kg/mol) e ξ (25,7±5,3 para 17,3±1,9 nm) e um aumento em $\phi_{2,s}$ (0,13 para 0,18) e ρ (3,3±0,2 para 6,1±0.7×10^{-5} mol/cm^3) dos hidrogéis de dextrano-hidroxietilmetacrilato (HEMA) com o aumento da concentração de persulfato de potássio (KPS) do iniciador de alimentação (0,2 a 4,9 m mol/L) durante a sua síntese a 37° C. Num estudo, a taxa de inchamento aumentou inicialmente com o aumento do [iniciador] devido ao aumento do número de radicais livres activos na espinha dorsal. Posteriormente, o inchaço diminuiu com o aumento da alimentação [iniciador], o que se deveu a um aumento da reação da etapa de terminação através da colisão bimolecular que, por sua vez, faz aumentar a densidade de reticulação [18,19]. Além disso, a polimerização iniciada por radicais livres também é responsável pelo declínio do rácio de inchamento a uma concentração mais elevada de KPS [20,21]. O aumento da concentração do iniciador de alimentação na mistura de reação diminuiu o tamanho da malha/poros na rede do gel e diminui o inchaço do hidrogel. Com o aumento do [iniciador] na mistura de reação do polímero, houve um aumento na taxa de iniciação e terminação, e um grande número de cadeias são iniciadas e terminadas, o que formou uma rede de alta densidade e reduziu o tamanho da malha do hidrogel resultante [17,22,23].

4.3 Efeito da concentração do monómero e da espinha dorsal

A concentração do monómero de alimentação durante a síntese do hidrogel influenciou os parâmetros estruturais das redes poliméricas. De facto, altera a relação entre a espinha dorsal e o monómero, o que determina diretamente a densidade da rede dos hidrogéis. $\overline{M}_c$ dos hidrogéis de P(2-dietilaminoetilacrilato-co-HEMA) sintetizados com uma relação de reticulante de 0,001 mol/mol aumentaram de 8540 para 10110 g/mol à medida que a alimentação de DEAEA (2-dietilaminoetilacrilato) aumentou de 10 para 30 mol% durante a polimerização [24]. Num estudo, a fração de volume do polímero ($\phi_{2,s}$) e a densidade de ligações cruzadas diminuíram, enquanto os valores de $\overline{M}_c$ aumentaram com o aumento da concentração de AAc durante a síntese de hidrogéis copoliméricos [25]. Esta tendência acima mencionada deveu-se à presença de poli(ácido acrílico) hidrofílico (AAc) que se liga mais fortemente às moléculas de solvente e os hidrogéis expandem-se mais, o que leva a valores mais baixos de ρ e a valores mais elevados de $\overline{M}_c$ com o aumento de [AAc] durante a síntese de hidrogéis. Noutro exemplo do efeito do monómero na estrutura da rede, $\overline{M}_c$ dos hidrogéis de ácido poli(N-isopropilacrilamida-co-2-acrilamido-2-metil-propanossulfónico) i.e. P(*NIPAM-co-AMPS*) diminuem de 120000 g/mol para 14000 g/mol à medida que a % mol de AMPS aumenta de 2,5 para 7,5 [26]. Do mesmo modo, com o aumento da concentração de ácido maleico na matriz polimérica AAm/ácido maleico, os valores de $\overline{M}_c$ e χ_1 diminuíram [27]. Os valores do rácio de inchamento de equilíbrio (Qv), $\overline{M}_c$ e ξ dos géis de poli(álcool vinílico)/ácido poliacrílico (PVA/PAAc) aumentaram com o aumento da concentração de ácido acrílico hidrofílico durante a sua síntese [28]. O valor ξ dos hidrogéis de PAAm (acrilamida)/TA (ácido tartárico) aumentou de 148 para 520 Å com o aumento do teor de ácido tartárico de 0 para 60 mg na mistura de reação do polímero com uma dose de irradiação de 2,60 kGy [29]. Os valores de $\overline{M}_c$ e χ_1 aumentaram à medida que a concentração de ácido maleico foi aumentada nos hidrogéis de P(NIPAM-co-ácido maleico) [30]. A existência de fármaco durante a reação de reticulação não exerceu qualquer efeito importante na reação de polimerização ou na organização das cadeias durante a reação e o tamanho da confusão manteve-se igual. No entanto, houve diferença no tamanho da confusão do homopolímero e dos polímeros enxertados. O ξ (tamanho do poro/malha) do P(HEMA-g-NIPAM) foi maior em comparação com o P(HEMA) sozinho. Esta diferença nos tamanhos das malhas pode ser devida à presença de oligómeros de NIPAM durante a formação da rede polimérica que induziu impedimentos estéricos durante o processo de reticulação e deu origem a uma rede polimérica de maior tamanho de poro/malha [31].

O $\overline{M}_c$ (peso molecular médio) e o tamanho da malha de revestimento ξ dos hidrogéis semi-IPN de goma guar (GG) /PAAc diminuíram com o aumento da concentração de GG e AAc com aumento simultâneo dos valores de ρ (densidade de reticulação) [32]. A alimentação [GG] variou de 5 g/L a 25 g/L e a [AAc] variou de 125 g/L a 375 g/L para investigar a concentração do monómero na estrutura da rede e nas características de inchamento dos hidrogéis. Existe uma complexação estrutural devido à ligação H intermolecular entre dois monómeros, que pode diminuir a capacidade de ligação H do copolímero hidrofílico com a água. Com o aumento de [monómero], formam-se redes reticuladas mais densas que diminuem ainda mais a taxa de difusão interna da água, juntamente com o fenómeno de relaxamento da cadeia polimérica [32]. O aumento do teor de goma de tragacanto (TG) de 2 para 3,6 % (w/v) no sistema de reação polimérica resultou numa mistura de reação mais viscosa e deu origem à formação de uma estrutura de rede mais apertada com tamanho de poro reduzido e valores de $\overline{M}_c$ dos hidrogéis de goma de acácia-TG-PAAm [33].

Além disso, a quantidade relativa de monómeros hidrofóbicos e hidrofílicos nos hidrogéis copoliméricos desempenha um papel crucial na definição das estruturas de rede tridimensionais dos polímeros. Zhihui e colaboradores [34] prepararam copolímeros iniciados por radicais livres utilizando alilfenil sulfona e HEMA como componentes hidrofóbicos e hidrofílicos, respetivamente. O aumento da concentração do monómero hidrofóbico nos copolímeros resultou no aumento de , $\phi_{2,s}$ ρ e χ_1 , e na diminuição de $\overline{M}_c$ e da razão de inchamento de equilíbrio (Q_v). Porque o aumento do componente hidrofóbico durante a síntese leva à diminuição das interacções polímero-água e ao aumento das interacções entre cadeias de polímeros e entre grupos hidrofóbicos. O valor de χ_1 , ou seja, o parâmetro de interação polímero-solvente, aumentou de 0,81 para 0,99 com o aumento do teor hidrofóbico (alilfenil sulfona), o que reflecte a interação termodinâmica mais fraca entre o polímero e a água, com um aumento das interacções entre os grupos hidrofóbicos e as cadeias poliméricas. Consequentemente, a densidade líquida de ligações cruzadas no hidrogel é melhorada com a alteração da quantidade relativa da concentração de monómeros das redes copoliméricas [35,36]. Num estudo, os hidrogéis de P(AAm-co-AAc) foram sintetizados variando o teor de AAm. O comportamento de inchaço dos hidrogéis de P(AAm-co-AAc) foi significativamente alterado ao mudar o conteúdo de AAm nos hidrogéis [37]. As redes mais densas restringiram a penetração da água na estrutura do gel e deram origem a uma menor capacidade de inchaço e de retenção de água dos hidrogéis [38]. A densidade de ligações cruzadas aumentou de $6{,}58 \times 10^{-10}$ para $9{,}62 \times 10^{-10}$ com a diminuição da absorção de água de 573-

276 g de água/g de amostra. Com o aumento da [AAm] dos hidrogéis copoliméricos, o peso molecular médio entre duas ligações cruzadas ($\overline{M}_c$) também diminui [39]. É bem conhecido que um aumento de $\overline{M}_c$ é acompanhado por um aumento no rácio de inchamento [40].

A dimensão da malha dos hidrogéis à base de tragacanto-poli(AAc) aumentou primeiro e depois diminuiu com o aumento da concentração de AAc na alimentação [41]. O tamanho da malha do hidrogel à base de psyllium aumentou de 16 para 25 nm com o aumento da concentração do monómero hidrofílico cloreto de 2-metacriloiloxietil trimetilamónio (METAC) durante a reação de copolimerização do enxerto [42]. Com o aumento da concentração do monómero fosfato de bis[2-(metacriloiloxi)etilo] (BMEP) de 0,04 para 0,199 mol/L durante o enxerto de psílio induzido por radiação, verifica-se um aumento do tamanho da malha (de 70,619 para 189,476 nm) e uma diminuição da densidade de reticulação (de 9,18 para $0{,}96\times 1o^{6}$ mol/cm^{3}) devido ao aumento da hidrofilicidade e do inchaço da matriz de hidrogel [43]. Os hidrogéis à base de goma de moringa copolimerizada e poli(N-vinil imidazol) [i.e. P(VIm)] enxertados induzidos por radiação demonstraram um aumento dos valores ρ (de 14,8 para 28,2 $\times 10^{5}$) e uma diminuição dos valores $\overline{M}_c$ (de 7006,54 para 2850,93 g/mol) com o aumento do teor de monómero de alimentação [VIm] (de 0,109 para 0,547 mol/L) devido ao aumento da densidade de reticulação do produto enxertado com um teor de monómero mais elevado [44].

4.4 Efeito da concentração de reticulante

Os reticulantes são moléculas multifuncionais com pelo menos dois grupos funcionais reactivos/moedas, que podem formar pontes entre cadeias poliméricas durante as reacções de enxerto e copolimerização [45]. A concentração de reticulantes define de facto a rede tridimensional (3D) na arquitetura química dos hidrogéis. O papel do reticulante é fornecer ligações (covalentes ou iónicas) entre diferentes cadeias de polímeros para que possam formar redes 3D, que permanecem intactas após o inchaço de equilíbrio. Estas redes multidimensionais foram responsáveis por várias aplicações biomédicas e industriais de hidrogéis em rede. Os hidrogéis foram preparados por reticulação química ou física sincronizada, enxerto e copolimerização de um ou mais monómeros multi/monofuncionais em solução. Este último envolve duas etapas em que, na primeira etapa, o polímero linear é sintetizado na ausência de um agente de reticulação e, na segunda etapa, o polímero sintetizado é reticulado através de irradiação ou reagentes químicos [46,47]. Foi encontrada uma correlação entre o tamanho da estrutura porosa (malha) da rede reticulada inchada e o valor ϕ dos hidrogéis inchados isotermicamente até diferentes fases de inchamento [48]. A avaliação e o estudo dos fenómenos difusivos observados quando solutos, como fármacos ou grandes moléculas bioactivas, são transportados através de sistemas poliméricos requerem a compreensão das barreiras à difusão devidas à distribuição topológica das cadeias poliméricas no espaço.

A concentração e as funcionalidades do reticulante afectaram a disposição da rede reticulada dos hidrogéis [49,50]. O aumento da quantidade do reticulante durante a síntese do hidrogel causa diminuição em $\overline{M}_c$ e Q_v e aumento na densidade de reticulação (ρ) do hidrogel inchado [51]. Li e colaboradores [32] relataram uma diminuição nos valores de $\overline{M}_c$ e ξ e um aumento nos valores de (ρ) com o aumento da quantidade de reticulante em hidrogéis GG/PAAc. Lu e Anseth [52] ilustraram o efeito do dimetacrilato de dictilenoglicol (reticulante) no inchaço do hidrogel de P(HEMA), determinando vários parâmetros de rede. O tamanho da malha e $\overline{M}_c$ diminuíram de 82 para 31 Å e de 16,5 para $3{,}80\times10^{-3}$ g/mol, respetivamente, à medida que a concentração de reticulante variava de 0,25 para 2,0 mol %. O efeito do aumento da concentração de diferentes reticulantes durante a síntese de vários hidrogéis em vários parâmetros de rede é apresentado na Tabela 1. Em quase todos os casos, há uma diminuição em $\overline{M}_c$, ξ e um aumento nos valores de $\phi_{2,s}$, ρ , χ_1 com o aumento da concentração de reticulante durante a síntese do hidrogel.

A difusão é também influenciada pela natureza e funcionalidade do reticulador utilizado para a polimerização. A ligação química e o grau de ligação das cadeias poliméricas pelo reticulador influenciam a porosidade, a absorção de água e a taxa de difusão do fármaco [53]. Os sistemas poliméricos com ligações cruzadas fracas formaram excelentes géis poliméricos adsorventes, nos quais a ligação cruzada resultou num contínuo de água livre [54]. À medida que os valores de ρ do hidrogel em rede aumentam, a extensão do inchaço e o tamanho da malha/poros diminuem [55]. O efeito da estrutura reticulada das redes de PVA na difusão de fármacos encapsulados foi explicado a partir do coeficiente de permeabilidade, à medida que a rede se torna mais reticulada, ou seja, à medida que $\overline{M}_c$ diminui, a permeabilidade do fármaco diminui significativamente. A taxa de difusão do fármaco a partir de formulações à base de polímeros foi estreitamente correlacionada com o tamanho molecular do fármaco carregado, o diâmetro dos poros, $\overline{M}_c$ e a taxa de dilatação em simultâneo. A taxa de difusão de moléculas maiores de vitamina B_{12} foi mais lenta do que a do ácido salicílico [50]. A diminuição do inchaço após uma determinada concentração de reticulante é atribuída ao facto de o aumento da densidade de reticulação no hidrogel diminuir os valores médios de $\overline{M}_c$, o que restringe os volumes livres acessíveis à penetração do solvente. Com um teor mais elevado de reticulante (MBA), as cadeias poliméricas inflexíveis da estrutura da rede do hidrogel resultaram numa menor absorção de água e o hidrogel parece ter atingido o equilíbrio com um pequeno rácio de inchamento [56]. Com o aumento da concentração de reticulante de

0,13 para 0,39 mM nas cadeias de PAAm e nos hidrogéis de carboximetilcelulose (CMC), o peso molecular médio $\overline{M}_c$ mudou de 7,18×10^5 1,8 ×10^5 , a densidade de reticulação (ρ) de 9,8 para 39,4 ×10^{-5} e o rácio de dilatação mudou de 92,6 para 42,2 do hidrogel [17]. Singh e outros [67,57-59] observaram o efeito da composição dos hidrogéis na densidade da rede, o que se reflectiu nos resultados dos estudos de inchamento. O aumento da concentração do monómero de alimentação e do reticulante durante a reação de polimerização aumentou a densidade da rede, o que diminuiu a dilatação dos hidrogéis. No caso dos hidrogéis de esterculia-cl-poli(ácido vinil sulfónico), ou seja, P(VSA), o tamanho dos poros aumentou inicialmente até ao tamanho ótimo dos poros, diminuindo depois regularmente com o aumento da concentração do reticulante [MBA] devido ao aumento da densidade de reticulação do polímero [60]. O efeito da concentração de reticulante nos parâmetros de rede dos hidrogéis foi relatado em vários relatórios de investigação e tabulado na Tabela 1.

Tabela 1: Efeito da concentração de reticulante nos parâmetros de rede dos hidrogéis.

Polímero/ Hidrogéis	Reticulador	Efeito do aumento da concentração de reticulante nos parâmetros da rede					Ref
		Fração de volume ( ) $\phi_{2,s}$	χ_1 valores	$\overline{M}_c$ valores	Malha tamanho (ξ)	Reticulação densidade (ρ)	
GG/PAAc	MBA	aumentado	-	diminuído	diminuído	aumentado	[32]
P(HEMA)	Dimetacrilato de dietilenoglicol	aumentado	-	diminuído	diminuído	-	[52]
P(MAAm-co-MAAc)	MBA	aumentado	-	diminuído	diminuído	aumentado	[1]
P(NIPAM-co-AAc)	Bis(dialilacetal) de	aumentado	aumentado	diminuído	_	aumentado	[61]

	glioxal e MBA						
GG reticulado	Glutaraldeído	aumentado	-	diminuído	-	aumentado	[62]
P(AAm-co-AAc)	MBA	aumentado	Ligeiramente aumentado	diminuído	diminuído	aumentado	[63]
Hidrogéis de NVP-BA	MBA e TPT	aumentado	aumentado	diminuído	-	aumentado	[49]
Copolímeros CEMA/ODA	MA e MM	aumentado	aumentado	diminuído	-	aumentado	[64]
PAAm	MBA	-	-	diminuído	diminuído	aumentado	[65]
Hidrogéis de amido e goma xantana	Trimetafosfato de sódio	-	-	-	aumentado	-	[66]
HPMC-PEG	PEG	-	-	diminuído	-	-	[67]
Poli(*éter* metil vinílico-co-ácido maleico)	PEG	aumentado	Quase o mesmo	diminuído	_	aumentado	[68]
PVA	Ácido maleico	aumentado	-	diminuído	-	aumentado	[50]
P(DMAEMA-co-NVP)	Dimetacrilato de etilenoglicol	aumentado	aumentado	diminuído	-	-	[69]
CMC-g-PAAm	MBA	-	-	diminuído	-	aumentado	[17]
PVA/P(AAc)	Glutaraldeído	aumentado	-	diminuído	diminuído	-	[70]
P(DEAEA/*DEAEM-co-HEMA*)	Dimetacrilato de etilenoglicol	aumentado	aumentado	diminuído	-	-	[24]

P[1-(3-sulfopropil)-2-vinil-piridínio-betaína]	MBA	-	aumentado	diminuído	-	aumentado	[71]
PVA	Glutaraldeído	aumentado	-	diminuído	-	-	[72]
AAm/DMAEMA/MBA	MBA	-	-	diminuído	-	aumentado	[51]
PVA	Glutaraldeído	aumentado	-	diminuído	diminuído	-	[48]
Géis de arabinoxilano	Ácido ferúlico	-	-	diminuído	diminuído	aumentado	[73]
Psyllium-cl-P(METAC)	MBA	aumentado	aumentado	diminuído	diminuído	aumentado	[42]
TG-cl-P(AAc)	MBA	aumentado	irregular	diminuído	diminuído	aumentado	[41]
GA-TG-cl-P(VIm)	MBA	irregular	aumentado	diminuído	diminuído	aumentado	[57]
PAAm	MBA	aumentado	aumentado	-	-	-	[74]
AIG-cl-PVP	MBA	irregular	irregular	diminuído	diminuído	irregular	[75]
P(*DEAEM-g-PEG*)	Tetraetileno dimetacrilato de glicol	aumentado	-	diminuído	diminuído	-	[76]
(AAm/HEMA/MBA/água)	MBA	aumentado	aumentado	diminuído	diminuído	aumentado	[77]
Gelatina poliampolítica	Glutaraldeído	-	aumentado	diminuído	diminuído	-	[78]
Redes amorfas de PVA	Glutaraldeído	aumentado	-	diminuído	diminuído	-	[79]
PAAc e PMAAc	MBA	aumentado	-	diminuído	-	aumentado	[80]
AIG-cl-P(AAm)	MBA	aumentado	aumentado	diminuído	diminuído	aumentado	[81]

Abreviaturas da tabela: AAc = Ácido acrílico, Azadiracta indica gum = AIG, AAm = Acrilamida, BA = Acrilato de butilo, CEMA = Metacrilato de cinamoiloxi etilo, CMC = Carboximetilcelulose, *cl* = Reticulado, *co* = Copolimerização, DMAEMA = N,N-dimetilaminoetil metacrilato, DEAEM = metacrilato de 2-dietilaminoetilo, DEAEA = acrilato de 2-dietilaminoetilo,

GG = goma de guar, GA = goma de acácia, *g* = enxerto, HEMA = metacrilato de hidroxietilo, HPMC = hidroxipropilmetilcelulose, MAAm = metacrilamida, MAAc = ácido metacrílico, METAC = Cloreto de 2-metacriloiloxietil trimetilamónio, MA = N,N,'N''-Trisacriloil-melamina, MM = N,N,'N''-trismetacriloil-melamina, MBA = N,N'-metileno bisacrilamida, NIPAM = N-iso-propilacrilamida, NVP = N-vinil-2-pirrolidona, ODA = acrilato de octadecilo, PVP = polivinil-pirrolidona, PVA = poli(álcool vinílico), P = poli, PEG = poli(etilenoglicol), Ref = referências, TG = goma de tragacanto, TPT = 1,1,1-trimetilol-propano trimetil-acrilato, VSA = ácido vinil-sulfónico, VIm = N-vinilimidazol.

4.5 Efeito da dose de radiação

As reacções iniciadas por radiação são responsáveis pela enxertia, reticulação e cisão dos polímeros [82-85]. A reticulação e a degradação são dois processos concorrentes que coexistem sempre sob radiação. O efeito global depende de qual dos dois é predominante num determinado momento. A reticulação é o efeito mais importante da irradiação de polímeros e tem um grande número de aplicações porque pode normalmente melhorar as propriedades mecânicas e térmicas e a estabilidade ambiental e à radiação, tanto para peças pré-formadas como para materiais a granel [86-91]. Os parâmetros de rede dos hidrogéis reticulados por radiação são afectados pela dose de radiação utilizada [92]. O aumento da quantidade de dose absorvida diminui o número de cadeias pequenas. Assim, os hidrogéis expostos a doses mais elevadas têm maior densidade de ligações cruzadas do que os hidrogéis expostos a doses mais baixas. Isto significa que uma elevada quantidade de dose adsorvida diminui o número médio de massa molar entre as ligações cruzadas enquanto que uma baixa quantidade de dose adsorvida aumenta o número médio de massa molar entre as ligações cruzadas [74,93-95].

Karadag e colaboradores [96] observaram uma diminuição no $\overline{M}_c$ (33700 para 22100 g/mol) e no tamanho da malha (188 para 145Å) dos hidrogéis de acrilamida/ácido cítrico (AAm/CAc), preparados com 20 mg de teor de CAc, ao aumentar a dose de radiação de 2,60 para 5,20 kGy durante a síntese de hidrogéis. Do mesmo modo, com o aumento da dose de radiação de 2,60 para 5,71 kGy durante a síntese de hidrogéis AAm/TA (ácido tartárico), verifica-se uma diminuição do $\overline{M}_c$, do tamanho da malha e um aumento da densidade de ligações cruzadas dos hidrogéis [29]. Os valores $\overline{M}_c$ da solução de PAAc a 10% (w/w) diminuíram (34600 para 5700 g/mol) com o aumento da dose de radiação (5 a 25 kGy) durante a síntese de hidrogéis [97]. Num estudo, verificou-se um aumento em $\phi_{2,s}$ (0,049 para 0,116) e uma diminuição nos valores de $\overline{M}_c$ (3400 para 1775) e ξ (148 para 82Å) dos hidrogéis de PVA (solução de PVA a 5% reticulada a 30° C) com o aumento da dose de radiação de 3 para 15 M rad [48]. Os valores de $\overline{M}_c$ e ξ para hidrogéis de71 óxido de grafeno (GO) impregnados com sterculia-cl-carbopol, primeiro diminuíram e depois aumentaram com o aumento da dose de radiação de 12,2 kGy para 48,8 kGy [98].

Singh e colaboradores [99] observaram que os parâmetros de rede dos copolímeros zwitteriónicos de psílio foram influenciados pela alteração da dose de radiação durante a reação de polimerização. O tamanho da malha diminuiu de 529,33 para 87,94 nm com o aumento da dose de radiação de 4,99 para 24,95 kGy [99]. A fração volumétrica do polímero ($\phi_{2,s}$) e a densidade de reticulação (ρ) dos hidrogéis à base de sterculia-PVP aumentaram regularmente com o aumento da dose de radiação de 8,1 para 40,5 kGy, o que pode ser devido à diminuição regular da absorção de água pelos hidrogéis com o aumento da dose de radiação. Os valores do parâmetro de interação Flory-Huggins (□) são inferiores a 0,5, o que significa que existe uma boa interação entre o polímero e a água. Por outro lado, a diminuição dos valores de $\overline{M}_c$ e o tamanho da malha correspondente foram observados com o aumento da dose de radiação [100]. No caso do hidrogel de goma de moringa-cl-P(Aac), a densidade de reticulação das redes poliméricas aumenta (de 3,59 para $199{,}6\times10^{5}$ mol/cm^{3}) com o aumento da dose total de irradiação de 14,65 para 43,93 kGy) com a diminuição simultânea do tamanho dos poros (de 44,50 para 2,15 nm) do hidrogel inchado [101].

4.6 Efeito dos aditivos

A adição de alguns aditivos, como plastificantes e porogénios, durante a síntese de hidrogéis afecta os parâmetros da rede de um hidrogel. A adição de plastificantes a um polímero resulta no aumento da mobilidade segmentar das cadeias poliméricas, o que aumenta ainda mais o transporte de soluto, o tamanho dos poros e as propriedades mecânicas (flexibilidade e resistência à tração) e diminui a temperatura de transição vítrea dos hidrogéis [102-105]. Não é apenas a natureza do plastificante, mas o peso molecular do plastificante também afecta os parâmetros de rede do gel. Os PEGs de peso molecular mais elevado têm maior comprimento de cadeia e formam redes de hidrogel com menor densidade de ligações cruzadas e maior peso molecular médio entre duas ligações cruzadas consecutivas, ou seja, valores $\overline{M}_c$, ao passo que os PEGs de baixo peso molecular apresentam redes rígidas com elevada densidade de ligações cruzadas e, por conseguinte, menores taxas de dilatação e tamanho dos poros [68,106]. Novikov e colaboradores [107] relataram um aumento no tamanho da malha de filmes de triacetato de celulose ($\xi = 42$ nm) com a adição de ftalato de dibutilo ($\xi = 51$nm) e fosfato de trifenilo ($\xi = 53$ nm) como plastificantes. A porosidade dos hidrogéis superporosos é controlada pela concentração de agentes de expansão de gás, como $NaHCO_3$ [108,109]. Num estudo, a porosidade dos hidrogéis de poli(fumarato de propileno-co-etilenoglicol) aumentou de 0,66±0,03 para 0,84±0,02 com o aumento da concentração de $NaHCO_3$ (30 a 90 mg/mL) e de ácido L-ascórbico (0,05 a 0,1 M) durante a síntese de hidrogéis [110]. Com o aumento do teor de72 óxido de grafeno (GO) em copolímeros à base de goma de esterculia-P(VSA) (de 2×10^{-3} para 11×10^{-3} % w/v), o tamanho da malha diminuiu (43,40 nm para 36,07 nm) e a densidade de ligações cruzadas aumentou (de $1{,}42\times10^{-5}$ para $1{,}86\times10^{-5}$ mol/cm^3). Os valores de $\overline{M}_c$ diminuíram de 64936 g/mol para 49576 g/mol e (ϕ) aumentou de 0,0724 para 0,0791 [111]. A introdução de aditivos, como73 GO, aumentou o inchaço e a estabilidade térmica dos hidrogéis e exerce uma resposta benéfica para a libertação controlada de fármacos [112]. No caso dos hidrogéis de sterculia-carbopol reticulados por radiação, a adição de GO resultou numa diminuição dos valores $\overline{M}_c$ e ξ dos hidrogéis devido à impregnação do GO altamente funcionalizado e às suas interacções com as cadeias poliméricas [98]. A adição de nanopartículas de óxido de zinco (NPs ZnO) aos hidrogéis aumentou a sua capacidade de encapsulação do fármaco com características adicionais de biocompatibilidade e libertação lenta controlada do fármaco [113].

4.7 Efeito da complexação do polímero

Em alguns casos, a formação de complexos poliméricos durante a síntese de hidrogéis afecta a sua estrutura de rede e os parâmetros estruturais. Alguns hidrogéis apresentam sensibilidade ambiental devido à formação de complexos poliméricos. Os complexos poliméricos são estruturas macromoleculares insolúveis, formadas pela associação não covalente de polímeros com afinidade entre si. Podem formar-se dois tipos de complexos poliméricos: complexos interpoliméricos e complexos intrapoliméricos. Os complexos interpoliméricos formam-se devido à associação de unidades repetitivas em diferentes cadeias poliméricas e os complexos intrapoliméricos formam-se devido à associação de regiões separadas da mesma cadeia polimérica. Este complexo polimérico resulta na formação de ligações cruzadas no gel. Como resultado, a reticulação efectiva é aumentada, o tamanho da malha da rede e o grau de dilatação são significativamente reduzidos, o que leva à diminuição da taxa de libertação do fármaco após a formação de complexos poliméricos [114,115]. Mawad e colaboradores [116] relataram uma diminuição no $\overline{M}_c$ e no tamanho da malha dos hidrogéis de PVA, preparados com duas estratégias de reticulação (UV e redox), com o aumento da concentração do polímero, o que se deve às interacções da cadeia e aos emaranhados presentes em soluções de polímero mais concentradas.

4.8 Efeito da natureza do ambiente externo

A natureza do ambiente externo, como a temperatura, o pH, a força iónica e a concentração de sais do meio de expansão e a natureza do solvente penetrante também afectam os parâmetros de rede dos hidrogéis. As redes iónicas são polímeros que contêm grupos que se ionizam quando colocados em contacto com um solvente polar. A sua capacidade de responder a alterações no ambiente externo é uma das propriedades mais importantes utilizadas em muitas aplicações. As moléculas iónicas dentro da rede de hidrogéis ionizam-se em condições físico-químicas favoráveis do meio de dilatação e resultam na repulsão entre grupos carregados que causam a expansão da rede polimérica. Durante esta expansão das redes poliméricas, ocorre uma transição descontínua de volume em resposta à alteração das características físico-químicas do solvente, que incluem o pH, a temperatura, a força iónica e a composição química do solvente utilizado [117,118].

A dilatação do polímero depende da interação soluto-solvente polimérico. Quanto maior for o parâmetro de interação polímero-solvente (χ_1) menor será o inchaço do polímero num determinado solvente [119]. Os valores de vários parâmetros de rede do poliuretano em diferentes solventes orgânicos foram observados de forma diferente por Aithal e colaboradores [120]. Isto significa que a estrutura de rede do polímero inchado depende da natureza do solvente penetrante. Por exemplo, os valores χ_1 do poliuretano em 1,2-dicloroetano e 1,2-dibromoetano foram 0,45 e 0,63, respetivamente, e os valores $\overline{M_c}$ correspondentes foram 1022 e 1808 g/mol. Neste último caso, a interação entre o soluto polimérico e o solvente foi maior, o que resultou numa maior dilatação do polímero nesse solvente e, por conseguinte, num valor $\overline{M}_c$ mais elevado. Os parâmetros estruturais e de dilatação dos hidrogéis reactivos dependem da natureza do meio de dilatação, como o pH, a força iónica e a concentração de sal [17,121-123].

4.8.1 Efeito do pH do meio de expansão

O tamanho da malha 'ξ' é um fator importante para examinar o efeito do pH do solvente nas características de difusão e inchamento das redes de gel. Os valores de ξ das amostras poliméricas de poli(dietilaminoetil metacrilato-co-HEMA) e outros ésteres de metacrilato diminuíram de 74 para 65 Å quando as amostras foram mantidas a pH 10 em vez de pH 2. Isto torna-se muito crítico para solutos cujo diâmetro efetivo se situa na gama de 60 a 80 Å [117]. Para o sistema de hidrogel sensível ao pH, o pH do solvente de dilatação tem um controlo direto sobre a extensão da dilatação dos polímeros [32]. O comportamento de inchamento dependente do pH resulta da ionização ou desionização dos grupos funcionais que respondem às alterações de pH do ambiente externo [124]. Singh e colaboradores [125-129] observaram o efeito do pH no perfil de libertação de fármacos modelo a partir de dispositivos DD carregados com fármacos e salientaram a importância do pH do meio de libertação nos mecanismos de difusão dos fármacos e na sua solubilidade.

Em geral, os géis poliméricos sensíveis ao pH são constituídos por moléculas pendentes ácidas (por exemplo, -COOH ou -SO_3 H) e ou básicas (por exemplo, sais de amónio) que aceitam ou libertam protões quando o pH do ambiente circundante é alterado. As redes de gel à base de PAAc ionizam-se em meio de pH elevado, enquanto os hidrogéis à base de poli(N,N'-metilaminoetilmetacrilato) (PDEAEM) se ionizam a pH baixo [130]. Gudeman e Peppas [70] calcularam o tamanho da malha das redes interpenetrantes de PVA/PAAc em soluções tampão de pH diferente. As membranas IPN à base de PVA/PAAc preparadas com 50 (mol %) de

PAAc e uma razão de reticulação de 0,01 mol/mol, com um tempo de reação de 15,5 horas, têm um tamanho de malha de 400 e 700 Å em soluções tampão de pH 3 e pH 6, respetivamente. Li e colaboradores [32] relataram um aumento nos valores de $\phi_{2,s}$ e ξ dos hidrogéis GG/PAAc com o aumento do pH do meio de intumescimento de 1,44 para 7,52. Foi observada uma maior taxa de intumescimento em soluções tampão de pH 7,52 devido à ionização dos grupos -COOH em condições básicas e os grupos $-COO^-$ carregados repeliram-se mutuamente e expandiram as redes de polímeros para dar características de intumescimento e tamanho de poro elevados. Os glicopolímeros sensíveis ao pH demonstraram um tamanho de poro com uma gama de 18 a 35 Å em condições ácidas de pH 2,2 devido ao estado de união colapsada das redes poliméricas, enquanto esta gama de tamanho de malha aumentou para 70-111 Å em condições básicas de pH 7,0 [124]. Yarimkaya e Basan [122] observaram um aumento nos valores de $\overline{M}_c$ (209 a 2667 g/mol) e ξ (8,78 a 48,80 Å) e uma diminuição em $\phi_{2,s}$ (0,607 a 0,160) e na densidade de ligações cruzadas (0,586 a 0,046) dos hidrogéis de P(HEMA-co-AAc-co-acrilato de sódio) no meio de dilatação de pH de 2,0 a 8,0 a 37° C. O aumento do tamanho da malha (de 16,974 para 36,616 nm) e os valores de $\overline{M}_c$ (de 21281,126 para 55994,033 g/mol), enquanto a diminuição da densidade de ligações cruzadas (de 5,79546 para 2,20263 mol/cm^3) e os valores de $\phi_{2,s}$ (de 0,22722 para 0,096603) foram observados com a alteração do pH do meio de dilatação de 2,2 para 7,4 para copolímeros TG-PVP-AAc [131]. O hidrogel de esterculia-P(AAm) impregnado com GO reticulado por radiação demonstrou um comportamento reativo ao pH durante os estudos de inchamento com um aumento do tamanho da malha e dos valores $\overline{M}_c$ com o aumento do pH de 2,2 para 7,4 do meio de inchamento [132].

4.8.2 Efeito da concentração salina do meio de expansão

A dilatação dos hidrogéis está sobretudo associada às características físico-químicas da solução externa, que incluem o número de cargas, a força iónica e a concentração de sal. Os rácios de inchamento dos hidrogéis aniónicos na presença de sais diminuíram consideravelmente em comparação com o seu inchamento em água destilada. Esta perda de dilatação das redes de hidrogel pode dever-se ao efeito de triagem de carga dos catiões adicionais do sal que causaram uma repulsão eletrostática aniónica não perfeita [133]. Por conseguinte, a pressão osmótica resultante da diferença na concentração de iões móveis entre as fases gel e aquosa é reduzida e, consequentemente, as quantidades de absorção diminuem. Além disso, para a solução salina de catiões multivalentes, observa-se um rácio de dilatação reduzido para os polímeros aniónicos, em virtude da reticulação iónica adicional das cadeias poliméricas. Os hidrogéis não incham consideravelmente na presença de sais monovalentes/multivalentes devido à ex-osmose e mesmo os hidrogéis inchados encolhem drasticamente com a adição de sais [63]. O efeito de triagem dos catiões adicionais causou uma repulsão eletrostática não perfeita entre aniões fixos nas cadeias poliméricas e resultou na redução da diferença de pressão osmótica entre os géis de intumescimento e a solução externa [134-136]. Isto significa que a concentração de sal do meio de dilatação também afecta a dilatação de equilíbrio e vários parâmetros de rede dos hidrogéis [137,138]. Ao aumentar a força iónica da solução externa através da adição de sal, foi demonstrada uma diminuição do rácio de inchamento dos hidrogéis de P(NVP-g-ácido tartárico) [123]. A diminuição dos valores de ξ (de 24,561 para 16,615 nm) e $\overline{M}_c$ (de 24.474,697 para 14.859,549 g/mol) foi observada para os polímeros TG-cl-(PVP-co-PAMPS) em solução de NaCl a 0,9% em comparação com água destilada. Estas tendências podem ser devidas ao aumento do número de ligações cruzadas na rede do gel que resulta numa redução do tamanho dos poros dos espaços vazios disponíveis entre as cadeias da rede [139].

4.8.3 Efeito da temperatura do meio de expansão

A temperatura do meio de inchamento afectou as propriedades de inchamento e os parâmetros de rede dos polímeros em observação [1,140]. A uma concentração fixa de reticulante, o aumento da temperatura do meio de inchamento leva à diminuição da densidade de reticulação, do parâmetro de interação polímero-solvente χ_1 e ao aumento do teor de água do hidrogel [141]. O aumento dos valores de ϕ e ξ deveu-se ao aumento da absorção de solventes pelos polímeros com o aumento da temperatura de inchaço [71]. Com o aumento da temperatura do ambiente de inchamento, ocorre o desemaranhamento entre as cadeias poliméricas e a rede polimérica expande-se [32]. Este aumento da capacidade de dilatação dos hidrogéis com o aumento da temperatura do meio circundante deve-se a uma maior taxa de difusão das moléculas de solvente a temperaturas mais elevadas [142]. Um maior rácio de dilatação do polímero resultou num aumento do comprimento da cadeia entre duas ligações cruzadas e levou a um aumento de $\overline{M}_c$ e □□values com uma diminuição paralela dos valores ρ das redes poliméricas. Também χ_1 depende inversamente da temperatura [133]. Singh e colaboradores [143] registaram uma diminuição nos valores de ϕ das esferas de hidrogel à base de polissacáridos com a elevação da temperatura do meio de dilatação. Com o aumento da temperatura do meio, a taxa de difusão das moléculas de solvente nas redes poliméricas aumenta, o que é responsável pelo aumento da fração de volume do solvente e pela diminuição da fração de volume do polímero nas esferas inchadas. Os valores de $\overline{M}_c$ das pérolas aumentam com o aumento da temperatura devido ao aumento do inchaço, que aumentou o comprimento da cadeia entre duas ligações cruzadas. O aumento dos valores de $\overline{M}_c$ e a diminuição dos valores de χ_1 com o aumento da temperatura foram observados em pérolas de alginato de sódio [144]. Os valores de $\overline{M}_c$ para as esferas, preparadas com 10 minutos de exposição ao glutaraldeído (GA), a 273,15, 308,15 e 318,15 K foram 1874, 2252 e 2684 g/mol, respetivamente, e os valores correspondentes de χ_1 foram 0,6834, 0,6669 e 0,6558. Xue e colaboradores [145] descobriram um aumento na densidade efectiva de ligações cruzadas (de 0,031 para $0{,}043 \times 10^3$ mol dm^{-3}) e uma diminuição nos valores $\overline{M}_c$ (de 24,9 para 19,8 Kg mol^{-1}) de P(N-etilacrilamida) com o aumento da temperatura de 283 para 323 K. Noutra observação, Baselga e colaboradores observaram uma diminuição nos valores $\phi_{2,s}$ (0,0499 para 0,0454) e χ_1 (0,495 para 0,492) dos hidrogéis de PAAm preparados com 10% (w/w) de reticulante à temperatura de dilatação de 10 para 30° C [142]. Singh e colaboradores [33,42,44,60,146,147] também registaram um aumento do tamanho dos poros com a diminuição da densidade de ligações cruzadas de redes copoliméricas à base de polissacarídeos com o aumento da temperatura (27 a 47° C) do meio de dilatação.

4.9 Conclusões

Globalmente, conclui-se que, em geral, a dimensão da malha, a densidade de reticulação e os valores de $\overline{M}_c$ dos hidrogéis em rede diminuíram principalmente com o aumento da concentração de monómeros e reticulantes e da dose de radiação. O pH e o teor de sal do meio de dilatação exerceram o seu efeito em vários parâmetros estruturais devido às moléculas funcionais presentes na estrutura da rede de polímeros. O aumento das características hidrofílicas do hidrogel através do enxerto e da copolimerização de monómeros hidrofílicos ou de polímeros sintéticos melhorou geralmente a dilatação e resultou no aumento do tamanho dos poros dos hidrogéis dilatados. O aumento da temperatura do solvente do meio de inchamento circundante aumentou o tamanho das malhas de hidrogel e diminuiu a densidade de ligações cruzadas das redes de hidrogel inchadas.

4.10 Referências

[1] Bajpai SK, Singh S. Análise do comportamento de inchamento de hidrogéis de poli(metacrilamida-co-ácido metacrílico) e efeito das condições de síntese na absorção de água. *React Funct Polym* **2006**;66:431-40.

[2] Stenekes RJH, Hennink WE. Cinética de polimerização do metacrilato ligado ao dextrano num sistema aquoso de duas fases. *Polymer* **2000**;41:5563-9.

[3] Anseth KS, Bowman CN, Brannon-Peppas L. Mechanical properties of hydrogels and their experimental determination. *Biomaterials* **1996**;17:1647-57.

[4] Nakamura K, Murray RJ, Joseph JI, Peppas NA, Morishita M, Lowman AM. Administração oral de insulina utilizando hidrogéis de P(*MAA-g-EG*): Efeitos da morfologia da rede nas características de administração de insulina. *J Contr Rel* **2004**;95:589-99.

[5] Elliott JE, Macdonald M, Nie J, Bowman CN. Estrutura e inchaço de hidrogéis de poli(ácido acrílico): efeito do pH, força iónica e diluição na estrutura do polímero reticulado. *Polymer* **2004**;45:1503-10.

[6] Singh B, Sharma N. Mechanistic implication for crosslinking in sterculia based hydrogels and their use in GIT drug delivery. *Biomacromolecules* **2009**;10:2515-32.

[7] Singh B, Chauhan N. Preliminary evaluation of molecular imprinting of 5- fluorouracil within hydrogels for use as drug delivery systems. *Ata Biomaterialia* **2008**;4:1244-54.

[8] Singh B, Sharma V. Conceção de novos hidrogéis à base de psyllium-PVA-ácido acrílico para utilização na administração de medicamentos antibióticos. *Int J Pharm* **2010**;389:94-106.

[9] Singh B, Singh J, Rajneesh. Aplicação de goma de tragacanto e alginato na formação de curativos de hidrogel usando radiação gama. *Carbohydr Polym Technol Appli* **2021**;2:100058.

[10] Calvet D, Wong JY, Giasson S. Rheological monitoring of polyacrylamide gelation: Importância da densidade e temperatura das ligações cruzadas. *Macromolecules* **2004**;37:7762-71.

[11] Atkins PW. *Physical-Chemistry*, 6th ed.; Freeman: Nova Iorque, 1998.

[12] Giz A, Catalgil-Giz H, Alb A, Brousseau JL, Reed WF. Cinética e mecanismo de polimerização de acrilamida por monitorização absoluta e em linha da cinética de polimerização. *Macromolecules* **2001**;34:1180-91.

[13] Fanta GF. Síntese de copolímeros de enxerto e de bloco de amido. Em R. J. Ceresa (editor). Block and graft copolymerization (Vol. 1, pp. 1-4). London: John Wiley & Sons, **1973**.

[14] Lanthong P, Nuisinv R, Kiatkamjornwong S. Copolimerização de enxerto, caraterização e degradação de superabsorventes de amido de mandioca-g-acrilamida/ácido itacónico. *Carbohydr Polym* **2006**;66:229-45

[15] Fanta GF. Síntese de copolímeros de enxerto e de bloco de amido. Em R. J. Ceresa (editor). Block and graft copolymerization (Vol. 1, pp. 16-17). London: John Wiley & Sons, **1973**.

[16] Chung JT, Vlugt-Wensink KDF, Hennink WE, Zhang Z. Efeito das condições de polimerização nas propriedades da rede de microesferas e macro-hidrogéis de dex-HEMA. *Int J Pharm* **2005**;288:51-61.

[17] Bajpai AK, Giri A. Water sorption behaviour of highly swelling (*carboxymethylcellulose-g-polyacrylamide*) hydrogels and release of potassium nitrate as agrochemical. *Carbohydr Polym* **2003**;53:271-9.

[18] Pourjavadi A, Kurdtabar M. Collagen-based highly porous hydrogel without any porogen: Síntese e características. *Eur Polym J* **2007**;43:877-89.

[19] Chen J, Zhao Y. Relação entre a capacidade de absorção de água e as condições de reação na polimerização em solução aquosa de superabsorventes de poliacrilato. *J Appl Polym Sci* **2000**;75:808-14.

[20] Hosseinzadeh H, Pourjavadi A, Zohouriaan-Mehr MJ, Mahdavinia GR. Carragenina modificada. 1. H-carragPAM, um novo hidrogel superabsorvente à base de biopolímero. *J Bioact Compat Polym* **2005**;20:475-90.

[21] Hsu SC, Don TM, Chiu WY. Degradação radicalar livre de quitosano com persulfato de potássio. *Polym Degrad Stab* **2002**;75:73-83.

[22] Gils PS, Ray D, Mohanta GP, Manavalan R, Sahoo PK. Conceção de novos hidrogéis de polímero superabsorvente macroporoso à base de acrílico e sua adequação à administração de medicamentos. *Int J Pharmacy Pharm Sci* **2009**;1:43-54.

[23] Pourjavadi A, Hosseinzadeh H, Mazidi R. Modified Carrageenan. 4. Síntese e comportamento de dilatação do hidrogel superabsorvente κ-C-g-AMPS reticulado com propriedades anti-sal e de resposta ao pH. *J Appl Polym Sci* **2005**;98:255-63.

[24] Hariharan D, Peppas NA. Caracterização, comportamento dinâmico de inchamento e transporte de soluto em redes catiónicas com aplicações ao desenvolvimento de sistemas de libertação controlada por inchamento. *Polymer* **1996**;37:149-61.

[25] Katime I, Diaz de Apodaca E; Hidrogéis de ácido acrílico/metacrilato de metilo. I. Efeito da composição nas propriedades mecânicas e termodinâmicas. *J Macromol Sci: Pure Appl Chem* **2000**;37:307-21.

[26] Turan E, Demirci S, Caykara T. Transições de fase induzidas pelo calor e pelo pH e parâmetros de rede de hidrogéis de ácido poli(n-isopropilacrilamideco-2-acrilamido-2-metil-propanossulfónico). *J Polym Sci: Part B Polym Phys* **2008**;46:1713-24.

[27] Sen M, Yakar A, Guven O. Determinação do peso molecular médio entre ligações cruzadas (M_c) a partir de comportamentos de inchamento de hidrogéis contendo ácido diprótico. *Polymer* **1999**;40:2969-74.

[28] Hickey AS, Peppas NA. Difusão de soluto em membranas compostas de poli(álcool vinílico)/poli(ácido acrílico) preparadas por técnicas de congelação/descongelação. *Polymer* **1997**;38:5931-6.

[29] Karadag E, Saraydin D. Swelling of acrylamide-tartaric acid hydrogels. *Iran J Polym Sci Technol* **1995**;4:218-25.

[30] Caykara T. Effect of maleic acid content on network structure and swelling properties of poly(n-isopropylacrylamide-comaleic acid) polyelectrolyte hydrogels. *J Appl Polym Sci* **2004**;92:763-9.

[31] Ankareddi I, Brazel CS. Síntese e caraterização de hidrogéis termossensíveis enxertados para libertação controlada activada por aquecimento. *Int J Pharm* **2007**;336:241-7.

[32] Li X, Wu W, Wang J, Duan Y. O comportamento de inchaço e os parâmetros de rede de hidrogéis de rede de polímeros semi-interpenetrantes de goma de guar/ácido acrílico. *Carbohydr Polym* **2006**;66:473-9.

[33] Singh B, Dhiman A, Kumar S. Hidrogéis de rede à base de goma de polissacárido para administração controlada de ceftriaxona: Síntese, caraterização e avaliações biomédicas. *Resultados em Química* **2023**;5:100695.

[34] Zhihui L, Wenhui W, Jianquan W, Xin J. Comportamentos de inchamento, propriedades de tração e interacções termodinâmicas em hidrogéis copoliméricos APS/HEMA. *Front Mater Sci China* **2007**;1:427-31.

[35] Davis TP, Huglin MB. Effect of composition on properties of copolymeric N-vinyl-2-pyrrolidone/methyl methacrylate hydrogels and organogels. *Polymer* **1990**;31:513-9

[36] Peppas NA, Moynihan HJ, Lucht LM. A estrutura de hidrogéis de poli (2- hidroxietil metacrilato) altamente reticulados. *J Biomed Mater Res* **1985**;19:397-411

[37] Tomar RS, Gupta I, Singhal R, Nagpal AK. Síntese de hidrogéis superabsorventes à base de poli(acrilamida-co-ácido acrílico): estudo dos parâmetros da rede e do comportamento de inchamento. *Polym Plast Technol Eng* **2007**;46:481-8.

[38] Bajpai AK, Giri A. Swelling dynamics of a macromolecular hydrophilic network and evaluation of its potential for controlled release of agrochemicals. *J React Funct Polym* **2002**;53:125-41.

[39] Flory PJ, Rehner RJ. Mecânica estatística de redes de polímeros reticulados. II. Inchaço. *J Chem Phys* **1943**;11:521-6.

[40] Peppas NA, Merrill EW. Thermodynamics of hydrogel swelling applications of hydrogels in bioengineering. *J Polym Sci Polym Chem* **1976**;11:441-57.

[41] Singh B, Sharma V. Influência dos parâmetros da rede de polímeros de hidrogéis à base de goma de tragacanto sensíveis ao pH na administração de medicamentos. *Carbohydr Polym* **2014**;101: 928- 40.

[42] Singh B, Sharma V, Kumar R, Mohan M. Desenvolvimento de hidrogel à base de fibra dietética de psílio para utilização em aplicações de administração de medicamentos. *Food Hydrocoll Health* **2022**;2:100059.

[43] Singh B, Singh J, Dhiman A, Mohan M. Síntese e caraterização da rede de copolímeros arabinoxilano-bis[2-(metacriloiloxi)etil] fosfato reticulado por radiação gama de alta energia para utilização em aplicações de administração controlada de medicamentos. *Int J Biol Macromol* **2022**;200:206-17.

[44] Singh B, Kumar A. Copolimerização de enxerto induzida por radiação de N-vinil imidazol em polissacarídeo de goma de moringa para fazer hidrogéis para aplicações biomédicas. *Int J Biol Macromol* **2018;**120(B):1369-78.

[45] Berger J, Reist M, Mayer JM, Felt O, Peppas NA, Gurny R. Structure and interactions in covalently and ionically crosslinked chitosan hydrogels for biomedical applications. *Eur J Pharm Biopharm* **2004**;57:19-34.

[46] Ratner BD, Hoffman AS. In: Hydrogels for Medical and Related Applications, Andrade JD, Ed., ACS Symposium Series, No.31, p. 1-37, **1976**.

[47] Peppas NA, Mikos AG. In: Hydrogels in Medicine and Pharmacy, Vol 1, Peppas NA, Ed., CRC, p. 2-23, ***1986***.

[48] Canal T, Peppas NA. Correlação entre o tamanho da malha e o grau de equilíbrio do inchaço das redes poliméricas. *J Biomed Mater Res* **1989**;23:1183-93.

[49] Atta AM, Abdel-Azim AAA. Efeito da funcionalidade do reticulador no inchaço e nos parâmetros de rede dos hidrogéis copoliméricos. *Polym Adv Technol* **1998**;9:340-8.

[50] Basak P, Adhikari B. Poly(vinyl alcohol) hydrogels for pH dependent colon targeted drug delivery. *J Mater Sci: Mater Med* **2009**;20:137-46.

[51] Mahmudi N, Rendevski S. Síntese por radiação de hidrogéis AAM/DMAEMA/MBA para absorção do herbicida 2, 4-D. *BALWOIS 2010-Ohrid: República da Macedónia-25*, **2010**.

[52] Lu S, Anseth KS. Fotopolimerização de hidrogéis de poli(HEMA) multilaminados para libertação controlada. *J Contr Rel* **1999**;57:291-300.

[53] Crescenzi V, Paradossi G, Desideri P, Dentini M, Cavalieri F, Amici E, Lisi R. New hydrogels based on carbohydrate and on carbohydrate-synthetic polymer networks. *Polym Gels Netw* **1997**;5:225-39.

[54] Capitani D, Crescenzi V, De Angelis AA, Segre AL. Água em hidrogéis. Um estudo de RMN das interacções água/polímero em redes de quitosano fracamente reticuladas. *Macromolecules* **2001**;34:4136–44.

[55] Tual C, Espuche E, Escoubes M, Domard A. Transport properties of chitosan membranes: Influence of crosslinking, *J Polym Sci Part B: Polym Phys* **2000**;38:1521-9.

[56] Bajpai AK, Bajpai J, Shukla S. Sorção de água através de uma rede de polímeros semi-interpenetrantes (IPN) com cadeias hidrofílicas e hidrofóbicas. *React Funct Polym* **2001**;50:9-21.

57] Singh B, Dhiman A, Devi K, Kumar S. Developing 3D-network gels from polysaccharide gums for biomedical applications [Desenvolver géis de rede 3D a partir de gomas polissacáridas para aplicações biomédicas]. *Hybrid Advances* **2023**;3:100060.

[58] Singh B, Kumari A. Avaliação das interacções covalentes e supramoleculares no ácido galacturónico-glucurónico fosfatado para a estrutura da rede para utilização em pensos para feridas. *Mater Today Commun* **2023**;36:106534.

[59] Singh B, Devi K, Sharma D, Sharma P, Síntese e caraterização de arabinoxilano-psílio bioativo modificado: Avaliação das interacções moleculares, propriedades físico-químicas e biomédicas. *Int J Biol Macromol* **2022**;221:1053-64.

[60] Singh B, Rohit. Adaptação e avaliação do hidrogel de rede de poli(ácido vinil sulfónico)-goma esterculia para aplicações biomédicas. *Materialia* **2022**;25:101524.

[61] Xue W, Champ S, Huglin MB. Parâmetros de rede e inchaço de hidrogéis termorreversíveis quimicamente reticulados. *Polymer* **2001**;42:3665-9.

[62] Gliko-Kabir I, Yagen B, Penhasi A, Rubinstein A. Low swelling, crosslinked guar and its potential use as colon-specific drug carrier. *Pharm Res* **1998**;15:1019-25.

[63] Singhal R, Tomar RS, Nagpal AK. Effect of cross-linker and initiator concentration on the swelling behaviour and network parameters of superabsorbent hydrogels based on acrylamide and acrylic acid. *Int J Plast Technol* **2009**;13:22-37.

[64] Abdel-Azim AA, Abdul-Raheim AM, Atta AM, Brostow W, Datashvili T. Parâmetros de inchaço e de rede de copolímeros porosos de acrilato de octadecilo reticulados como adsorventes de derrames de petróleo. *E-Polymers* **2009**; 134:1-14.

[65] Lira LM, Martins KA, Cordoba de Torresi SI. Parâmetros estruturais de hidrogéis de poliacrilamida obtidos pela teoria do inchamento de equilíbrio. *Eur Polym J* **2009**;45:1232-8.

[66] Shalviri A, Liu Q, Abdekhodaie MJ, Wu XY. Novos hidrogéis modificados de amido e goma xantana para administração controlada de medicamentos: Síntese e caraterização. *Carbohydr Polym* **2010**;79:898-907.

[67] Davaran S, Rashidi MR, Khani A. Síntese de hidrogéis de hidroxipropilmetilcelulose quimicamente reticulados e sua aplicação na libertação controlada de ácido 5-amino-salicílico. *Drug Develop Indust Pharm* **2007**;33:881-7.

[68] Raj Singh TR, McCarron PA, Woolfson AD, Donnelly RF. Investigação do inchaço e dos parâmetros de rede dos hidrogéis de poli(etilenoglicol) com ligações cruzadas de poli(metil vinil éter-co-ácido *maleico*). *Eur Polym J* **2009**;45:1239-49.

[69] Sen M, Sari S; Síntese por radiação e caraterização de hidrogéis de poli(N,N-dimetilaminoetil *metacrilato-co-N-vinil-2-pirrolidona*). *Eur Polym J* **2005**;41:1304-14.

[70] Gudeman LF, Peppas NA. Membranas sensíveis ao pH a partir de redes interpenetrantes de poli(álcool vinílico)/poli(ácido acrílico). *J Memb Sci* **1995**;107:239-48.

[71] Xue W, Huglin MB, Liao B. Propriedades de rede e termodinâmicas de hidrogéis de poli[1-(3-sulfopropil)-2-vinil-piridínio-betaína]. *Eur Polym J* **2007**;43:4355-70.

[72] Gander B, Gurny R, Doelker E, Peppas NA. Effect of polymeric network structure on drug release from cross-linked poly(vinyl alcohol) micromatrices. *Pharm Res* **1989**;6:578-84.

[73] Carvajal-Millan E, Landillon V, Morel MH, Rouau X, Doublier JL, Micard V. Arabinoxylan gels: Impacto do grau de feruloilação na sua estrutura e propriedades. *Biomacromolecules* **2005**;6:309-17.

[74] Singh B, Sharma V, Kumar A, Kumar S. Polimerização de metacrilamida e psyllium por reticulação de radiação para desenvolver um dispositivo de administração de medicamentos antibióticos. *Int J Bio Macromol* **2009**;45:338-47.

[75] Singh B, Singh B. Copolimerização de enxerto de polivinilpirrolidona em polissacarídeo de goma Azadirachta indica na presença de reticulador para desenvolver hidrogéis para aplicações de entrega de medicamentos. *Int J Bio Macromol* **2020**;159:264-75.

[76] Podual K, Doyle FJ, Peppas NA. Preparação e resposta dinâmica de hidrogéis de copolímero catiónico contendo glucose oxidase. *Polymer* **2000**;41:3975-83.

[77] Mahmudi N, Sen M, Rendevski S, Guven O. Radiation synthesis of low swelling acrylamide based hydrogels and determination of average molecular weight between cross-links. *Nucl Instru Methods Phys Res B* **2007**;265:375-8.

[78] Deiber JA, Ottone ML, Piaggio MV, Peirotti MB. Caracterização de hidrogéis de gelatina poliamfolítica reticulada através das teorias de elasticidade da borracha e de inchamento termodinâmico. *Polymer* **2009**;50:6065-75.

[79] Korsmeyer RW, Peppas NA. Effect of the morphology of hydrophilic polymeric matrices on the diffusion and release of water soluble drugs (Efeito da morfologia de matrizes poliméricas hidrofílicas na difusão e libertação de fármacos solúveis em água). *J Memb Sci* **1981**;9:211-27.

[80] Jafari S, Modarress H. Um estudo sobre o inchaço e a formação de complexos de hidrogéis de ácido acrílico e ácido metacrílico com po-lietilenoglicol. *Iran Polym J* **2005**;14:863-73.

[81] Singh B, Mohan M, Singh B. Síntese e caraterização da rede inter-penetrante de goma-poliacrilamida de azadirachta indica para aplicações biomédicas. *Carbohydr Polym Technol Appl* **2020**;1:100017.

[82] Mishra S, Bajpai R, Katare R, Bajpai AK. Radiation induced cross-linking effect on semi-interpenetrating polymer networks of poly(vinyl al-cohol). *eXPRESS Polym Lett* **2007**;1:407-15.

[83] Bhattacharya A. Radiation and industrial polymers. *Prog Polym Sci* **2000**;25:371-401.

[84] Maziad NA. Polimerização por radiação de monómeros hidrofílicos para a produção de hidrogel utilizado em processos de tratamento de resíduos. *Polym Plast Technol Eng* **2004**;43:1157-76.

[85] Nasef MM, Hegazy EA. Preparação e aplicações de membranas de permuta iónica por copolimerização por enxerto induzida por radiação de monómeros polares em películas não polares. *Prog Polym Sci* **2004**;29:499-561.

[86] El Salmawi KM. Misturas de PVA/quitosano reticuladas induzidas por radiação gama para pensos para feridas. *J Macromol Sci: Part A* **2007**;44:541-5.

[87] Gao C, Li S, Song H, Xie L. Reticulação induzida por radiação de fibras de polietileno de peso molecular ultra-elevado por meio de feixes de electrões. *J Appl Polym* Sci **2005**;98,1761-4.

[88] Saum KA, Sanford WM, Di maio WG, Howard EG. Processo para implante médico de polietileno de peso molecular ultra-alto reticulado com melhor equilíbrio das propriedades de desgaste e resistência à oxidação. Patente dos EUA 6316158, EUA (**2001**).

[89] Wang A, Essener AP, Zarnowski AJ. Processo de preparação de dispositivos ortopédicos de polietileno reticulado seletivamente. Patente U.S. 6818171, EUA (**2002**).

[90] Abd Alla SG, Said HM, El-Naggar AWM. Propriedades estruturais de misturas de polímeros de poli(álcool vinílico)/poli(etilenoglicol) irradiadas com γ. *J Appl Polym Sci* **2004**;94, 167-76.

[91] Saraydin D, Karadag E, Güven O. Relationship between the swelling process and the releases of water soluble agrochemicals from radiation crosslinked acrylamide/itaconic acid copolymers. *Polym Bull* **2000**;45,287-94.

[92] Singh B, Kumar A. Exploration of arabinogalactan of gum polysaccharide potential in hydrogel formation and controlled drug delivery applications (Exploração do potencial do arabinogalactano de polissacárido de goma na formação de hidrogéis e aplicações de administração controlada de medicamentos). *Int J Bio Macromol* **2009**;147:482-92.

[93] Singh B, Kumar S. Synthesis and characterization of psyllium-NVP based drug delivery system through radiation cross-linking polymerization. *Nucl Instru Methods Phys Res: B* **2008**;266:3417-30.

[94] Singh B, Chauhan N, Kumar S. Hidrogéis à base de psyllium e ácido poliacrílico reticulados por radiação para utilização na administração de medicamentos específicos do cólon. *Carbohydr Polym* **2008**;73:446-55.

[95] Singh B, Vashishtha M. Development of novel hydrogels by modification of sterculia gum through radiation cross-linking polymerization for use in drug delivery. *Nucl Instru Methods Phys Res: B* **2008**;266:2009-20.

[96] Karadag E, Saraydin D, Sahiner N, Guven O. Radiation induced acrylamide/citric acid hydrogels and their swelling behaviors. *J Macromol Sci: Pure Appl Chem* **2001**;38:1105-21.

[97] Jabbari E, Nozari S. Síntese de hidrogel de ácido acrílico por reticulação por irradiação γ de ácido poliacrílico em solução aquosa. *Iran Polym J* **1999**;8:263-70.

[98] Singh B, Singh B. Copolimerização de enxerto induzida por radiação de óxido de grafeno e carbopol em polissacarídeo de goma esterculia para desenvolver hidrogéis para aplicações biomédicas. *FlatChem* **2020**;19:100151.

[99] Singh B, Mohan M. Exploração da radiação de alta energia para a conceção de hidrogéis superabsorventes zwitteriónicos de psyllium-poly(MEDSAH) para utilizações biomédicas. *Materialia* **2022**;26:101641.

[100] Singh B, Varshney L, Sharma V. Design of sterile mucoadhesive hydrogels for use in drug delivery: Efeito da radiação na estrutura da rede. *Coll Surf B: Biointer* **2014**;121:230-7.

[101] Singh B, Kumar A. Network formation of Moringa oleifera gum by radiation induced crosslinking: Avaliação da entrega de medicamentos, parâmetros de rede e propriedades biomédicas. *Int J Bio Macromol* **2018**;108:477-88.

[102] Wypych G editor. Handbook of Plasticizer. Ontaro: ChemTec Publishing, **2003**.

[103] Rodriguez MT, Garcia SJ, Cabello R, Suay JJ, Gracenea JJ. Efeito do plastificante nas propriedades térmicas, mecânicas e anticorrosivas de um primário epoxídico. *JCT Research* **2005**;2:557-64.

[104] George SC, Thomas S. Transport phenomena through polymeric systems. *Prog Polym Sci* **2001**;26:985-1017.

[105] Lin WJ, Lee HK, Wang DM. A influência dos plastificantes na libertação de teofilina de comprimidos microporosos controlados. *J Contr Rel* **2004**;99:415-21.

[106] Caykara T, Bulut M, Dilsiz N, Akyuz Y. Macroporous poly(acrylamide) hydrogels: swelling and shrinking behaviors. *J Macromol Sci Part A Pure Appl Chem* **2006**;43:889-97.

[107] Novikov DV, Varlamov AV, Mnatsakanov SS. Estrutura de aglomerados da superfície de filmes de triacetato de celulose plastificada. *Russian J Appl Chem* **2005**;78:301-4.

[108] Bajpai SK, Bajpai M, Sharma L. Investigation of water uptake behavior and mechanical properties of superporous hydrogels. *J Macromol Sci Part A: Pure Appl Chem* **2006**;43:507-24.

[109] Gemeinhart RA, Park H, Park K. Pore structure of superporous hydrogels. *Polym Adv Technol* **2000**;11:617-25.

[110] Behravesh E, Jo S, Zygourakis K, Mikos AG. Síntese de hidrogéis de poli(propilenofumarato-co-etilenoglicol) biodegradáveis macroporosos e reticuláveis in situ. *Biomacromolecules* **2002**;3:374-81.

[111] Singh B, Sharma V, Ram K, Kumar S, Sharma P, Rohit. Impregnação de óxido de grafeno em hidrogéis de goma de ácido polivinilsulfónico-esterculia para modular as interacções entre antibióticos e vancomicina para aplicações de administração controlada de medicamentos. *Diam Relat Mater* **2022**;130, 109483.

[112] Li C, Li F, Wang K, Wang Q, Liu H, Sun X, Xie D. Síntese, caraterização e mecanismos de libertação do hidrogel composto de carboximetilquitosano-óxido de grafeno-gelatina para a administração controlada de medicamentos. *Inorg Chem Comm* **2023**;155:110965.

[113] Rani I, Warkar SG, Kumar A. Hidrogéis compósitos de poli (etilenoglicol) diacrilato reticulado com nano ZnO e goma de semente de

tamarindo de carboximetilo (CMTKG)/poli (acrilato de sódio) para administração oral do fármaco ciprofloxacina e as suas propriedades antibacterianas. *Mater Today Commun* **2023**;35:105635.

[114] Torre PM, Torrado S, Torrado S. Complexos interpoliméricos de poli(ácido acrílico) e quitosano: influência do meio iónico de formação do hidrogel. *Biomaterials* **2003**;24:1459-68.

[115] Jain NK, editor. Progress in controlled and novel drug delivery system. CBS PUBLICATIONS & DISTRIBUTORS, **2013**.

[116] Mawad D, Odell R, Poole-Warren LA. Estrutura da rede e libertação de fármacos macromoleculares a partir de hidrogéis de poli(álcool vinílico) fabricados através de duas estratégias de reticulação. *Int J Pharm* **2009**;366:31-7.

[117] Sen M, Agus O, Safrany A. Controlo do tamanho e da distribuição dos poros dos hidrogéis de PDMAEMA preparados por raios gama. *Rad Phys Chem* **2007**;76:1342-6.

[118] Kwok AY, Qiao GG, Solomon DH. Hidrogéis sintéticos 3. Efeitos de solventes em redes de poli(metacrilato de 2-hidroxietilo). *Polymer* **2004**;45:4017-27.

[119] Lin Z, Wu W, Wang J, Jin X. Estudos sobre o comportamento de inchamento, propriedades mecânicas, parâmetros de rede e interação termodinâmica da sorção de água de hidrogéis copoliméricos de resina de éster vinílico epóxi de 2-hidroxietil metacrilato/novolac. *React Funct Polym* **2007**;67:789-97.

[120] Aithal US, Aminabhavi TM, Cassidy PE, Interacções de halogenetos orgânicos com um elastómero de poliuretano. *J Memb Sci* **1990**;50:225-47.

[121] Ende MT, Hariharan D, Peppas NA; Factores que influenciam o transporte e a libertação de fármacos e proteínas a partir de hidrogéis iónicos. *React Polym* **1995**;25:127-37.

[122] Yarimkaya S, Basan H. Synthesis and swelling behavior of acrylate-based hydrogels. *J Macromol Sci: Part A* **2007**;44:699-706.

[123] Ozyurek C, Caykara T, Kantoglu O, Guven O. Radiation synthesis of poly(*N-vinyl-2-pyrrolidone-g-tartaric acid*) hydrogels and their swelling behaviors. *Polym Adv Technol* **2002**;13:87-94.

[124] Kim B, Peppas NA. Síntese e caraterização de glicopolímeros sensíveis ao pH para sistemas de administração oral de medicamentos. *J Biomater Sci Polym Edn* **2002**;13:1271-81.

[125] Singh B, Chauhan N. Modificação de polissacáridos de psílio para utilização na administração oral de insulina. *Food Hydrocoll* **2009**;23:928-35.

[126] Singh B, Pal L. Development of sterculia gum based wound dressings for use in drug delivery. *Eur Polym J* **2008**;44:3222-30.

[127] Singh B, Dhiman A, Rajneesh, Kumar A. Liberação lenta de ciprofloxacina de β-ciclodextrina contendo sistema de liberação de drogas através da formação de rede e interações supramoleculares. *Int J Biol Macromol* **2016**;92:390-400.

[128] Singh B, Chauhan N. Release dynamics of tyrosine a precursor for catecholamine neurotransmitters from dietary fiber psyllium based hydrogels for use in Parkinson's disease. *Food Res Int* **2010**;43:1065-72.

[129] Singh B, Sharma K, Rajneesh, Dutt S. Hidrogéis à base de goma de tragacanto de fibra dietética para uso em aplicações de entrega de medicamentos. *Bioact Carbohydr Diet Fibre* **2020**;21:100208.

[130] Bahram M, Mohseni N, Moghtader M. An Introduction to Hydrogels and Some Recent Applications. In: Conceitos Emergentes em Análise e Aplicações de Hidrogéis, Majee SB, (Ed.). *InTech* **2016**: doi: 10.5772/64301.

[131] Singh B, Sharma V. Crosslinking of poly(vinylpyrrolidone)/acrylic acid with tragacanth gum for hydrogels formation for use in drug delivery applications. *Carbohydr Polym* **2017**;157:185-95.

[132] Singh B, Singh B. Influência da impregnação de nanofolhas de óxido de grafeno nas propriedades do hidrogel de goma de esterculia-poliacrilamida formado por polimerização induzida por radiação. *Int J Biol Macromol* **2017**;99: 699-712.

[133] Flory PJ, Principles of Polymer Chemistry. Ithaca, Nova Iorque: Cornell University Press, **1953**.

[134] Horkay F, Tasaki I, Basser PJ. Osmotic swelling of polyacrylate hydrogels in physiological salt solutions (Inchaço osmótico de hidrogéis de poliacrilato em soluções salinas fisiológicas). *Biomacromolecules* **2000**;1:84-90.

[135] Kim SJ, Shin SR, Kim NG, e Kim SI. Comportamento de inchamento de hidrogéis de rede de polímeros semi-interpenetrantes à base de quitosano e poli(acrilamida). *J Macromol Sci Part A: Pure Appl Chem* **2005**;42:1073-83.

[136] Sadeghi M, Koutchakzadeh G. Swelling kinetics study of hydrolyzed carboxymethyl cellulose-poly(sodium *acrylate-co-acrylamide*) superabsorbent hydrogel with salt-sensitivity properties. *J Sci I A U (JSIAU)* **2007**;17:19-26.

[137] Okay O, Sariisik SB, Zor SD. Comportamento de inchamento de hidrogéis aniónicos à base de acrilamida em soluções salinas aquosas: comparação da experiência com a teoria. *J Appl Polym Sci* **1998**;70:567-75.

[138] Soppimath KS, Kulkarni AR, Aminabhavi TM. Microgéis aniónicos reticulados à base de *poliacrilamida-goma-guar* quimicamente modificados como sistemas de administração de fármacos sensíveis ao pH: preparação e caraterização. *J Contr Rel* **2001**;75:331-45.

[139] Singh B, Sharma V. Conceção de polímeros de ácido galac-turónico/arabinogalactano reticulados com poli(vinilpirrolidona)-co-poli(2-acrilamido-2-metilpropano sulfónico): Síntese, caraterização e aplicação de entrega de medicamentos. *Polímero* **2016**;91:50-61.

[140] Klech CM, Pari JH. Dependência da temperatura do transporte de água não fickiano e do inchaço em matrizes de gelatina vítrea. *Pharm Res* **1989**;6:564-70.

[141] Ali Emileh, Ebrahim Vasheghani-Farahani e Mohammad Imani. Comportamento de inchamento, propriedades mecânicas e parâmetros de rede de hidrogéis sensíveis ao pH e à temperatura de poli((2-dimetil amino) metacrilato de etilo-co-metacrilato de butilo). *Eur Polym J* **2007**;43:1986-95.

[142] Baselga J, Hernandez-Fuentes I, Masegosa RM, Llorente MA. Effect of crosslinker on swelling and thermodynamic properties of polyacrylamide gels. *Polymer Journal* **1979**;21:467-74.

[143] Singh B, Sharma V, Chauhan D. Gastroretentive floating sterculia-alginate beads for use in antiulcer drug delivery. *Chem Eng Res Design: Parte A* **2010**;88:997-1012.

[144] Kulkarni AR, Soppimath KS, Aminabhavi TM, Dave AM, Mehta MH. Glutaraldeído reticulado com esferas de alginato de sódio contendo pesticida líquido para aplicação no solo. *J Contr Rel* **2000**;63:97-105.

[145] Xue W, Huglin MB, Jones TGJ. Inchaço e parâmetros de rede de hidrogéis termorreversíveis reticulados de poli(N-etilacrilamida). *Eur Polym J* 2005;41:239-48.

[146] Singh B, Sharma, V. Estudo de correlação de parâmetros estruturais de polímeros bioadesivos na conceção de um sistema de administração de medicamentos sintonizável. *Langmuir* **2014**;30:8580-91.

[147] Singh B, Singh B. Copolimerização de enxerto de polivinilpirrolidona em polissacarídeo de goma Azadirachta indica na presença de reticulador para desenvolver hidrogéis para aplicações de administração de medicamentos. *Int J Biol Macromol* **2020;**159:264-75.

Capítulo 5

Perspectivas actuais e futuras dos parâmetros estruturais da rede de sistemas de administração de medicamentos em hidrogel

A investigação sobre medicamentos tem crescido e progredido através de numerosas fases, começando com o período botânico dos primórdios da civilização humana, progredindo para a era da química sintética em meados do século XX e, por último, para a era da biotecnologia no início do século XXI. Atualmente, desenvolvimentos sem precedentes na genómica e na biologia molecular oferecem uma infinidade de novos medicamentos. Para todos estes novos e excitantes candidatos a fármacos, é necessário desenvolver formas de dosagem adequadas ou sistemas de DD que permitam a aplicação eficaz, segura e fiável destes fármacos aos doentes. Assim, a melhoria da terapia medicamentosa é uma consequência não só da conceção de novas moléculas de fármacos, mas também do desenvolvimento de sistemas de DD adequados. Os sistemas convencionais de DD não fornecem perfis farmacocinéticos ideais, especialmente para os medicamentos que apresentam elevada toxicidade e janelas terapêuticas estreitas. Para esses fármacos, o perfil farmacocinético ideal será aquele em que a concentração do fármaco atinge níveis terapêuticos sem exceder a dose máxima tolerável e mantém a sua concentração durante um período alargado até se atingir o efeito terapêutico desejado. Num cenário ideal, esse perfil pode ser alcançado através da utilização da matriz polimérica como dispositivo de libertação de fármacos, que liberta o fármaco de forma controlada e sustentada para manter o nível terapêutico. A conceção de redes poliméricas tem um potencial significativo em futuras aplicações biomédicas. O sucesso futuro dos materiais poliméricos depende do desenvolvimento de novos materiais e métodos que possam responder a desafios biológicos e médicos específicos. No DD, o desenvolvimento contínuo de materiais poliméricos biocompatíveis que possam responder aos seus ambientes proporcionará uma nova e melhor distribuição de agentes curativos.

A estrutura em rede dos hidrogéis derivados de características bioactivas, biodegradáveis e biocompatíveis apresenta potencial para a utilização de DD responsiva a estímulos como implicações de investigação futurista [1]. Além disso, a avaliação dos seus parâmetros estruturais revelar-se-á uma ferramenta importante e eficaz para a adaptação de materiais poliméricos para a DD controlada e sustentada e para o tratamento de feridas. No entanto, o desenvolvimento futuro de materiais inteligentes e a sua importância no domínio do tratamento de águas residuais, ciências agrícolas, impressão molecular e aplicações de bio-sensores também não podem ser ignorados [2,3]. No tratamento de águas residuais, os hidrogéis de rede polimérica com moléculas funcionais modificadas têm uma afinidade de ligação específica para vários contaminantes da água, como iões de metais pesados e corantes. A sua capacidade inerente de absorver grandes quantidades de água pode torná-los futuros materiais inteligentes para a descontaminação de águas residuais [4], como materiais fiáveis e de baixo custo para o tratamento de águas residuais industriais em grande escala, com vista a alcançar um desenvolvimento sustentável [5]. Nas ciências agrícolas, os sistemas de libertação controlada de agroquímicos à base de hidrogel são fundamentais para a utilização eficaz de pesticidas na produção agrícola e na proteção do ambiente. A utilização de hidrogéis derivados de biopolímeros como dispositivos de libertação de pesticidas tem um enorme potencial para melhorar a absorção de pesticidas e aumentar a segurança ambiental para um crescimento sustentável [6]. O conhecimento dos parâmetros estruturais da rede de formulações poliméricas pode desempenhar um papel vital no domínio da impressão molecular e da biosensorização. Tanto a seletividade como a capacidade de deteção absoluta dos hidrogéis reticulados dependem em grande medida da densidade de reticulação dos polímeros com impressão molecular [7]. Para além da abordagem de inchamento para determinar os parâmetros estruturais da rede de hidrogéis, a resposta elástica do hidrogel inchado a uma tensão externa com uma deformação finita pode também ilustrar a configuração da rede 3-D e a reticulação das redes de polímeros [8]. O conhecimento e o controlo da estrutura da rede de hidrogéis através de vários parâmetros estruturais permitem a conceção e a caraterização adequadas da rede de gel de polímero para a migração e a difusão de células e moléculas bioactivas através de redes de andaimes de engenharia de tecidos de hidrogel [9]. No futuro, o papel comercial dos hidrogéis ingeríveis como biomateriais para utilizações biomédicas, especialmente para a engenharia de tecidos e de defesa, será uma área de investigação muito importante e serão necessários estudos exaustivos da arquitetura estrutural dos géis para uma comercialização bem sucedida destes produtos [10].

Atualmente, no domínio da conceção de fármacos, atingiu-se uma fase em que é possível imitar os sistemas desenvolvidos durante a evolução e chegou-se a um nível em que podem ser concebidos e avaliados novos sistemas não existentes na natureza. Tais concepções basear-se-ão no conhecimento exato da relação entre a estrutura das macromoléculas e as suas propriedades. Existem ainda numerosas lacunas no nosso conhecimento a preencher, mas foi criada uma base sólida que pode atuar como catalisador para a expansão futura. Além disso, os desafios e as futuras direcções de investigação dos hidrogéis inteligentes para aplicações biomédicas, na perspetiva do desenvolvimento de sistemas DD eficientes, incluem também uma investigação pormenorizada de vários parâmetros de rede dos hidrogéis. Algumas áreas de investigação em materiais inteligentes à base de hidrogéis para aplicações DD ainda têm de ser abordadas para a sua implementação em grande escala no desenvolvimento futuro e sustentável, incluindo a sua reutilização, estabilidade mecânica e térmica, capacidade de resposta a estímulos, auto-degradação, biocompatibilidade e ensaios clínicos de dispositivos DD à base de hidrogéis.

5.1 Conclusões

A partir da discussão anterior, conclui-se que o inchaço dos sistemas DD desempenha um papel muito importante na determinação dos parâmetros característicos da rede. Os vários parâmetros da estrutura da rede de hidrogéis influenciaram consideravelmente as características mecânicas e de difusão dos hidrogéis concebidos e estão diretamente relacionados com a natureza e a extensão da reticulação da cadeia polimérica. As suas determinações têm grande significado prático, dependendo das características físico-químicas dos solventes e das propriedades elásticas e de dilatação dos hidrogéis. Ao determinar o inchaço, utilizando uma equação matemática simplificada, um químico de polímeros, a partir de uma única observação experimental das propriedades de inchaço, pode determinar todos os outros parâmetros de rede necessários para sistemas DD controlados. O valor $\overline{M}_c$ é necessário para determinar o tamanho da malha (ξ) e a densidade de ligações cruzadas (ρ), que é determinada através do estudo do inchaço dos hidrogéis a diferentes temperaturas ($\phi_{2,s}$) e das interacções polímero-solvente (χ_1). O tamanho da malha (ξ) e os valores ρ fornecem informações sobre a estrutura da rede, o que ajuda a adaptar o dispositivo DD para a libertação controlada e sustentada do fármaco. Estes parâmetros dependem ainda da composição da matriz polimérica e da natureza do ambiente externo, como o pH, a temperatura e a força iónica do meio de dilatação. A reticulação covalente conduziu à formação de hidrogéis com uma estrutura de rede permanente, que permite a absorção de água com compostos bioactivos sem dissolução por processo de difusão. Estes parâmetros de rede estrutural 3D dos hidrogéis tornam-nos candidatos adequados para várias aplicações biomédicas. A arquitetura de rede dos hidrogéis é influenciada pelos parâmetros de reação sintética estabelecidos durante a síntese dos hidrogéis. Além disso, a estrutura da rede do hidrogel pode ser controlada de acordo com os requisitos da administração de medicamentos e das aplicações biomédicas.

5.2 Referências

[1] Tian B, Liu J. Hidrogel de quitosano inteligente sensível a estímulos para administração de medicamentos: Uma revisão. *Int J Biol Macromol* **2023**; 235:123902.

[2] Kakkar V, Narula P. Role of molecularly imprinted hydrogels in drug delivery - A current perspective. *Int J Pharm* **2022**;625:121883.

[3] Kadry G, El-Gawad HA. Síntese e aplicações de hidrogéis à base de celulose derivados da palha de arroz como sistema de reservatório de água. *Int J Biol Macromol* **2023**;253(4):127058.

[4] Sinha V, Sumedha Chakma S. Advances in the preparation of hydrogel for wastewater treatment: Uma revisão concisa. *J Environ Chem Eng* **2019**;7(5):103295.

[5] Ahmaruzzaman M, Roy P, Bonilla-Petriciolet A, Badawi M, Ganachari SV, Shetti NP, Aminabhavi TM. Materiais à base de hidrogéis poliméricos para tratamento de águas residuais. *Chemosphere* **2023**;331:138743.

[6] Zhang L, Sheng C, Chen C, Luo J, Wu Z, Cao H. Hidrogel semi-IPN ecológico à base de alginato/plurónico F127 com capacidade de recolha magnética para libertação precisa de pesticidas e controlo sustentado de pragas. Int J Biol Macromol **2023**;251:126175.

[7] Hart BR, Shea KJ. Molecular imprinting for the recognition of N-terminal histidine peptides in aqueous solution. *Macromolecules* **2002**;35:6192-201.

[8] Drozdov AD, Christiansen J.deC. Relações tensão-deformação para hidrogéis sob deformação multiaxial. *Int J Solids Struc* **2013**;50(22-23):3570-85.

[9] Zhu J, Marchant RE. Propriedades de design de andaimes de engenharia de tecidos de hidrogel. *Expert Rev Med Devices* **2011**;8(5):607-26.

[10] Aswathy SH, Narendrakumar U, Manjubala I. Hidrogéis comerciais para aplicações biomédicas. *Heliyon* **2020**;6(4):e03719.

Apêndice

Symbol	Meaning
$\overline{M}_c$	Molecular weight of the polymer chain between two neighboring cross links
ρ	Crosslink density
ΔG	Total Gibbs free energy of swollen hydrogel
ΔG_{mix}	Free energy of mixing i.e. polymer-solvent mixing
ΔG_{el}	Elastic contribution to hydrogel free energy
ΔH_{mix}	Change in enthalpy of polymer-solvent mixing
ΔS_{mix}	Entropy change on mixing
Ω	Number of distinguishable arrangements of the system
n_1	Number of molecules of solvent
n_2	Number of molecules of polymer
$\phi_{1,s}$	Volume fraction of solvent in swollen gel
$\phi_{2,s}$	Volume fraction of polymer in swollen gel
Δw_{12}	Change in energy of forming a 1-2 contact
$P_{1,2}$	Average number of [1,2] contacts over all the lattice configuration
z	Nearest neighbours
x	Number of segments per chain
χ_1	Flory-Huggins interaction parameter
$\vec{r}$	Gaussian distribution function for end to end distance
α	Expansion factor
v_e	Effective number of chains
μ_1^o	Chemical potential of water in pure state
μ_1	Chemical potential of water in gel
V_r	Volume of relaxed gel
V_s	Volume of swelled gel
$v_{m,1}$	Molar volume of solvent
M_n	Average molecular weight of uncrossed polymer
v	Number of crosslinked units
$v_{sp,2}$	Specific volume of polymer

f	Functionality of crosslinking agent
d_p	Density of polymer
d_s	Density of solvent
w_o	Weight of polymer before swelling
w_∞	Weight of polymer after equilibrium swelling
Q_v	Volumetric swollen ratio or equilibrium swelling ratio
l	Bond length along the polymer backbone
C_n	Flory characteristic ratio
N	Number of links
M_r	Molecular weight of repeating units
ξ	Mesh size
δ_1	Solubility parameter of solvent
δ_2	Solubility parameter of polymer
χ_S	entropy contribution to χ_1
$\bar{r}_o$	End to end distance of network chain between two adjacent crosslinks in the unperturbed state
m_i	Mass of monomer 'i'
M_i	Molar mass of monomer 'i'
V_p	Polymer volume
V_g	Swollen gel volume
D_{ip}	Diffusion coefficient in the hydrogel
D_{iw}	Diffusion coefficient in pure solvent
λ	The ratio of the solute diameter to the pore size
-cl-	crosslinked
-co-	copolymerized
-g-	grafted
k	Boltzmann constant
3D	Three-dimensional
GO	Graphene oxide
DD	Drug delivery
kGy	kilo Gray
P	Poly

Printed by Books on Demand GmbH, Norderstedt / Germany